たんぱく質入門

どう作られ、どうはたらくのか

武村政春　著

ブルーバックス

カバー装幀／芦澤泰偉・児崎雅淑
カバーイラスト・目次・章扉デザイン／中山康子
本文イラスト／永美ハルオ
本文写真（図73）／PPS
図版製作／さくら工芸社

はじめに

本書の話題の中心は、「たんぱく質」である。

たんぱく質と聞くと、読者諸賢は何をイメージされるだろうか。

たんぱく質は、炭水化物、脂肪などと並んで、食品中に含まれる大切な栄養素の一つである。

そのたんぱく質をたくさん摂取して作り上げるものといえば、私たちのこの筋肉である。そう言われてみると、たんぱく質をたくさん摂取するために適した食品とは、ウシやブタ、鳥などの肉であり、これらは確かに動物の筋肉であることに気づく。

しかしながら、たんぱく質が豊富な食品といえば、動物の筋肉以外にもたくさんある。牛乳、チーズ、卵、大豆、レバー、魚（魚も動物だから、やはりこれも筋肉だ）、昆虫（昆虫食というのは、一部の民族などでは貴重なたんぱく質源だ）などなど、数え上げればきりがない。

これらの食品を摂取して、適度なトレーニングを行っていけば、私たちの体には適度な筋肉がつき、やがてマッチョな体つきとなっていく。

しかしである。

たんぱく質は、決して筋肉だけのものではない。人間の体は、もっとたくさんの種類のたんぱく質でできている。

爪、髪の毛、唾液のねばねば、そして皮膚。インフルエンザウイルスをやっつけるのもたんぱく質。食べ物を消化するのもたんぱく質。ものを考え、食べ物を食べ、そして本書をお読みいただいているあなた自身もまた、ほとんどたんぱく質の塊であるといっても過言ではないだろう。

もちろん、たんぱく質というこの〝奇妙な〟名称の物質が、私たちの体の屋台骨であり、生きるエネルギーの素として重要なものであることは、すでに多くの人たちが知っている。だからこそ私たちは、毎日のように牛乳を飲み、毎日のように卵を食べ、毎日のように肉や魚を食べている。

それでは、私たちはみんな、たんぱく質のことをほんとうに知っているのかというと、必ずしもそうではないともいえる。たんぱく質の専門家ですら、たんぱく質のすべてを知っているわけではない。なにしろ、私たちの体の中に、いったいどれだけの種類のたんぱく質があって、それぞれのたんぱく質がどういうはたらきをしているのかについては、まだ完全に解明されているわけではないのである。

だからこそ、たんぱく質が世界で最初に見つかってからはや二世紀にもなる現在に至ってもなお、世界中の多くの研究者が、たんぱく質の研究を行っているのだ。

いったい、たんぱく質はどのような物質であり、私たちの体でどのようにはたらいているのだろうか？

本書は、高等学校で学習する「生物」の内容に飽きたりないと思っているような高校生諸君を主な読者と想定して書いたものであり、なるべくやさしくたんぱく質の世界を紐解くことに努めた。教科書のような事実の羅列だけではなく、たとえ話も多用して、よりわかりやすく読みとおせるように工夫したつもりである。

もちろん、高校生諸君だけでなく、大学生でも、大人でも、たんぱく質のことを知りたいという方であれば、十分に満足のいただける内容になっていると自負している。

なお、高等学校の「生物」では、「タンパク質」という具合にカタカナで学習する。教科書にも「タンパク質」として出てくる。また、教科書だけでなく、生化学や分子生物学の研究者の間でも「タンパク質」という書き方が一般的である。

これに対して、通常、栄養学では「たんぱく質」という書き方が使われることが多い。

本書では「栄養素としてのたんぱく質」という観点が、随所にちりばめてあり、また筆者自身が農学系学部の栄養（化）学の出身であるということもあって、この本では終始一貫して「たんぱく質」という具合に平仮名で書くことにしたい。

タンパク質。蛋白（たんぱく）質。そして、たんぱく質。

いろいろな書き方はあるけれど、読み方は同じ。そして、生物にとって生きていくのに最も大切なもの。

その不思議な世界へと、読者諸賢を誘っていくことにしよう。

第三章　たんぱく質のはたらき

第四章　たんぱく質の異常と病気　157

～よくも悪くも、たんぱく質はいろいろな場所で存在感を発揮している～

第一章　たんぱく質の性質

～生卵をフライパンの上で焼くとなぜ目玉焼きになるのだろうか～

第一節　栄養素としてのたんぱく質

まずは、現代日本人の典型的な朝ご飯を覗いてみよう。

湯気の立った炊き立てのご飯に、これもまた湯気の立った、火傷（やけど）しそうなほどアツアツの味噌（みそ）汁。平皿には温かい卵焼きと鮭の塩焼きが静かに並び、わきの小皿には白菜の漬物とたくあんが、お互いに身を寄せ合うようにして食べられるのを待っている。

これはいわば、伝統的な日本の朝食、ホテルのレストランなどでは「和朝食」といわれるものの類であるが、それではこの和朝食と対をなす格好になる「洋朝食」はといえば、おそらくはバターを塗ったトースト、ベーコンエッグ、野菜サラダ、そして牛乳などといった食品が並ぶものであろう。ホテルのバイキングなどでは、和洋折衷のスタイルが浸透し、じつにさまざまな食品を選択できる。

いったいなぜ、私たちはご飯を食べるのか。なぜ生物は、何かを食べなければ生きていけないのか。理由は簡単だ。

自分自身の体を動かすためのエネルギーを作り出すためであり、私たちの体を形作っている材料をリフレッシュするためである。何もないところからエネルギーを取り出すことはできないし、また古くなって捨てられていく材料をそのまま放置しておくこともできない。そのために私たちは食べ物を食べ、いわゆる栄養素を体内に取り入れる必要があるのだ。

朝ご飯に含まれるたんぱく質

そうした栄養素の中で最も重要なものの一つが、本書の主役「たんぱく質」である。世界のさまざまな文化を見渡すと、星の数ほどの食品を挙げることができるわけだが、たんぱく質はおそらくそのほとんどの食品に含まれる。むしろ、たんぱく質を一切含まない食品を挙げることの方が難しい、といってもよい。

先ほどの朝ご飯ではどうだろう。卵と肉にたんぱく質が豊富に含まれているのはよく知られているから、卵焼きとベーコンエッグはまさにたんぱく質の「塊」だ。

味噌汁はどうかといえば、味噌は、〝畑の肉〟とも呼ばれる大豆を原料にして作られる。なぜ大豆が〝畑の肉〟かといえば、あたかも肉であるかのようにたんぱく質が豊富だからだ。味噌汁もどうやら、たんぱく質が多く含まれる食品のようである。

魚も「肉」でできている。鮭の塩焼きもたんぱく質が豊富な料理だ。牛乳も、卵と並ぶ重要なたんぱく質源である。

そうなると、残るは湯気の立った銀シャリと漬物、トースト、そして野菜サラダである。これらの料理には、いったいたんぱく質は含まれているのか。銀シャリ、すなわちお米といえば「炭水化物」というのが一般的な相場である（そういうイメージが広まっている、という意味）が、じつはお米にもたんぱく質が含まれているし、同様に、パンの原材料である小麦にもたんぱく質はちゃんと含まれている（第五章第二節参照）。

では、あまりたんぱく質というイメージとは結びつかない野菜サラダはどうだろうか？野菜は植物である。つまり生物である。したがって、植物も細胞からできている。細胞にはたくさんのたんぱく質が含まれ、そのたんぱく質が植物の細胞の活動を支えているわけだから、植物を食べるということはすなわち、たんぱく質を食べているということでもある。野菜サラダとはいえ、やはりたんぱく質は含まれているのであった。

そう考えると、あ〜なんだ、結局何を食べても、私たちはたんぱく質を食べているのかと、納得することができるわけである。

たんぱく質の名前の由来

まずは栄養学的な観点からたんぱく質について考えてみるが、そもそも「たんぱく質」っておかしな名前である。いったいどうして、こんな薄情そうな、冷めた恋愛しかできないような名前が付けられたのだろうか？

たんぱく質。漢字では「蛋白質」と書く。英語では「protein」という。「はじめに」でも述べたように、「タンパク質」とカタカナで書く場合が多い。

英語の protein は、ギリシャ語の「proteios」に由来するが、これは「一番の」、「一位の」、「第一人者」などの意味を持つ単語である。この名称を論文中で最初に使ったのはオランダの化学者ムルダーで、一八三八年のことであった。正確にいえば、スウェーデンの化学者ベルセリウスがムルダーに宛てた手紙の中で「protein いう名前はどうでっしゃろ」と、その命名について示唆したとされている。

ムルダーは、牛乳や卵に含まれる、ゼラチンのような物質の分析を行った結果、ほかの物質とは違い、窒素（N）が非常に多く含まれている（とはいっても、一六％程度）ことを発見したのである。ムルダーがこの物質に対して与えた化学式は、$C_{40}H_{62}N_{10}O_{12}$というもので、現在この化学式をこのまま見せられても、これだけではその実体は全くイメージできない。

ムルダーはこの物質が、すべての生物が持つ基本的にして重要な成分であると信じて、「proteine」（protein）と名付けたという（シンガー著『生物学の歴史』西村顕治訳、時空出版より）。

おそらくムルダーは、現在でいう「たんぱく質」をそこに見出していたのではなく、窒素原子を含む化合物であって、かつ生物の体に重要な基本的成分としての総体的な姿を、そこに見出していたのであろう。

では、このproteinという英語を「たんぱく質」という日本語に翻訳したのは、いったい誰だったのかについては、残念ながら（筆者には）定かではない。

ただ言えることは、日本語の「たんぱく（蛋白）」という言葉には、卵の白身、すなわち「らんぱく（卵白）」と同じ意味があるということである。

そして「卵白」とは、ドイツ語の「Eiweiß」の訳語であり、ドイツ語の文献で、ムルダーの「proteine」が「Eiweiß ～」と訳出されていたのを、日本語で直訳して「卵白質（蛋白質）」としたものであろうということである。

味気ないこと、さっぱりしている様を「淡白だなあ」などと表現することがあるが、こうした場合の「たんぱく」は、本書の話題の主である「たんぱく質」を意味しているのではない。

むしろ、栄養素としてたんぱく質の占める重要な地位を考えると、味気ないわけがないのである。

栄養素としてのたんぱく質

近ごろは内閣府を中心として各省が連携して、盛んに「食育」なる行動を推奨している（図

図1　食育とは何か

1)。「食を育てる」とはどういうことか。別に「食を」育てるのではなく、「食」に関するさまざまな教育を行おうという意味である。農林水産省のホームページを探検すると、食育に関するものが出てくるので、興味のある方は一読をお勧めする。

さて、平成一七年に施行された「食育基本法」の前文に、食育とは何かについて書かれている。すなわち、「様々な経験を通じて『食』に関する知識と『食』を選択する力を習得し、健全な食生活を実践することができる人間を育てる」のが食育である。

自分が食べているものの栄養的価値がどの程度のもので、どれくらい食べるとどうなるか、どういうバランスで食べると健康によいのか。こうしたことは、小さいころに最低限の基礎的

	生物価	アミノ酸価	第一制限アミノ酸
精白米	65〜70	61	リジン
小　麦	50〜55	39	リジン
大　豆	75	100	
牛　肉	76	100	
卵	87〜97	100	
牛　乳	85〜90	100	

表1　主な食品中のたんぱく質の栄養価（出典：飯塚美和子ほか編『基礎栄養学 改訂8版』，南山堂，2010，43頁）

な知識を習得すれば、長じるにしたがって自然に体得していくものであろう。その意味で、子どものころからの食育には大きな意味があるといえる。

どういう食品にどういう栄養素が含まれているか。炭水化物が多い食品はどれか。脂肪が多いのはどれか。そして、たんぱく質が多く含まれているのはどれか。

その食品とどの食品を食べれば、私たちの体を作るのに最もふさわしい組み合わせとなるのか。そして、どのような食品が、栄養価（栄養素としての価値）が高いのか。

栄養素の中で、たんぱく質の栄養価は極めて高い。

私たち自身の体がたんぱく質でできているので、考えてみれば当たり前の話だ。たんぱく質の体をたんぱく質で補給する。じつに理にかなっている。

たんぱく質の栄養価は、動物実験などから導かれる「生物価」や、含まれるアミノ酸（あとでさんざん出てくるので、ここではサラッと）の種類によって求められる「アミノ酸価」などで表されることが多い。

生物価とは、生物の体内に吸収された窒素のうち、排泄されなかった（すなわち体の材料として実際に何かに使われた）ものを百分率（パーセント）で表したものである。つまり、あるたんぱく質を摂取したとして、そのたんぱく質に含まれる窒素のうち、排出されず、体内に留まって利用される窒素の量が多ければ多いほど、そのたんぱく質の生物価、すなわち栄養価が高いということを意味する。

生物価を求める式は省略するが、代表的な各食品に含まれるたんぱく質の生物価についてはここでご紹介しておこう。

表1をご覧いただくと、牛乳と卵のたんぱく質の生物価が80後半から90台と、他の食品に比べて高いことがよくわかる。一般的には、生物価が70以上のたんぱく質が「良質」と判断される。つまり、「良質なたんぱく質」とは、それに含まれる窒素の七割以上が、私たちの体内でさまざまなことに利用されるたんぱく質をいうのである。卵（87〜97）が最も高く、牛乳、牛肉、そして大豆が、この観点から良質なたんぱく質を含んでいることがわかる。

では、表1にも掲載してあるもう一つの数値、「アミノ酸価」とはいったい何だろうか？　次節で詳しくご紹介しよう。

第二節　肉を食べることの意味

よく、「食べてすぐ寝るとウシになる」などといわれる。もちろん教育の一環として古くから用いられてきた戒め、教訓の一つだから、ほんとうにウシになるわけではないが、読者諸賢の中には、小さいころ、牛肉を食べてもどうしてウシにならないのか、子ども心に不思議に思った経験をお持ちの方も多いのではないだろうか。

なぜ牛肉を食べてもウシにならないのかといえば、ウシもヒトも生物共通の「同じ」材料からできているからであり、食べるという行為は、食べ物をその材料にまで細かくすることであって、私たちはその材料から改めて自分の体を作り、エネルギーを取り出すことができるからである。ウシのたんぱく質とヒトのたんぱく質は、ほぼ同じものもあるが、多くは「同じ」とはいえない。たんぱく質は、種がちがえば大なり小なり異なるからである。しかし牛肉も、消化されればウシもヒトも同じ、生物共通の「材料」にまで細かくなってしまうので、ウシだったときの〝記憶〟は完全に失われる。だからこそ、ウシを食べてもウシになることはないのだ（図2）。

つまり生物共通の「同じ」材料というのは、たんぱく質の場合、それを作り上げている、より

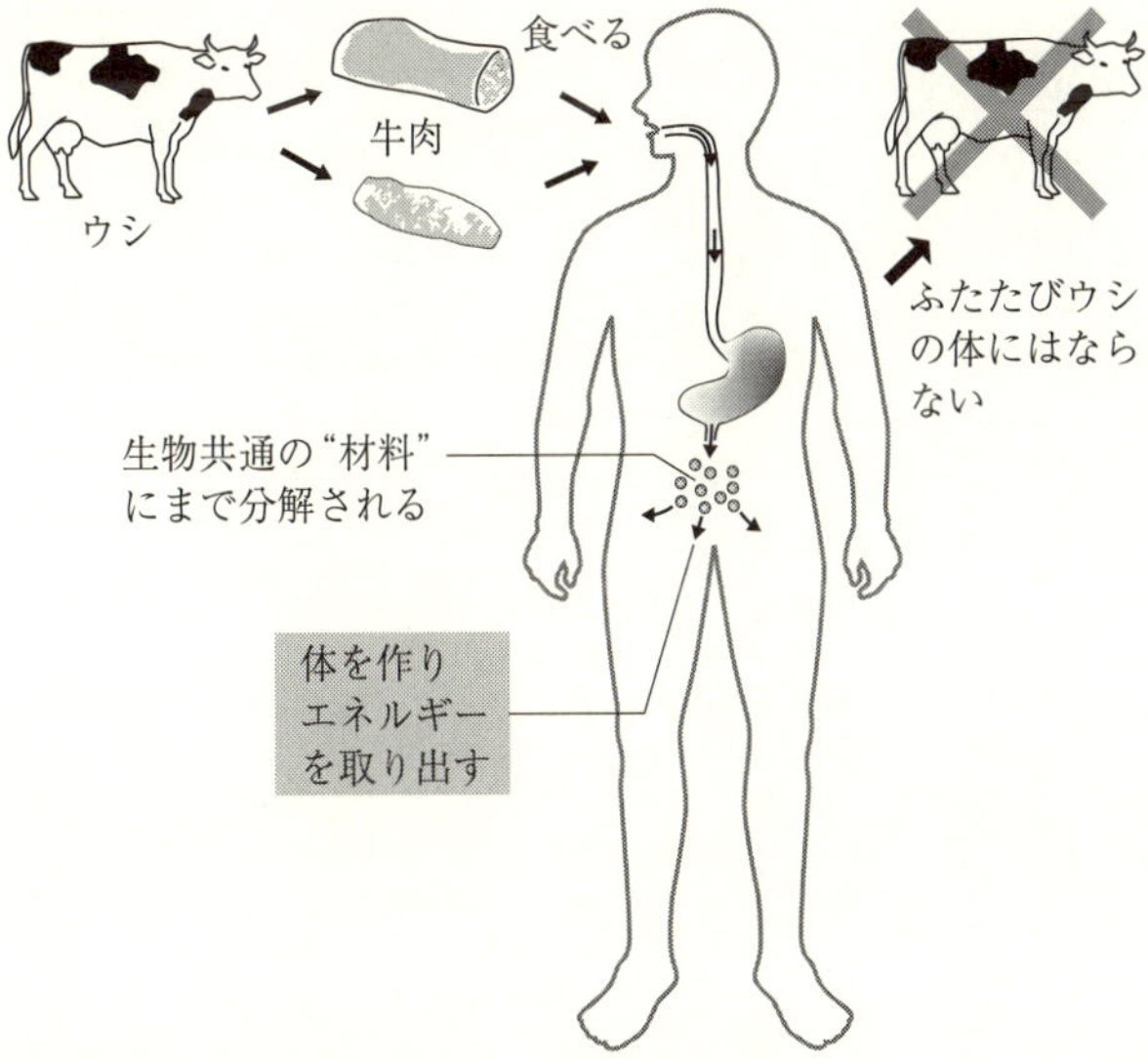
食べる
牛肉
ウシ
ふたたびウシの体にはならない
生物共通の“材料”にまで分解される
体を作りエネルギーを取り出す

図2　牛肉は生物共通の材料にまで分解される

小さな物質のことである。私たちの消化器官は、口から入ってきた牛肉に含まれるたんぱく質を消化し、その小さな物質にまで細かくする役割がある。そうして細かくされてできた、ウシとヒトとで「同じ」材料。

それが「アミノ酸」である。

たんぱく質の基本単位、アミノ酸アミノ酸の名前は、その分子中にアミノ基（$-NH_2$）という原子の塊を含んでいることに由来する。また、なぜ「酸」なのかというと、その分子中に、水溶液中でマイナスに荷電する、カルボキシシ基（カルボキシル基：$-COOH$）が含まれているからである。アミノ酸は水溶液中で

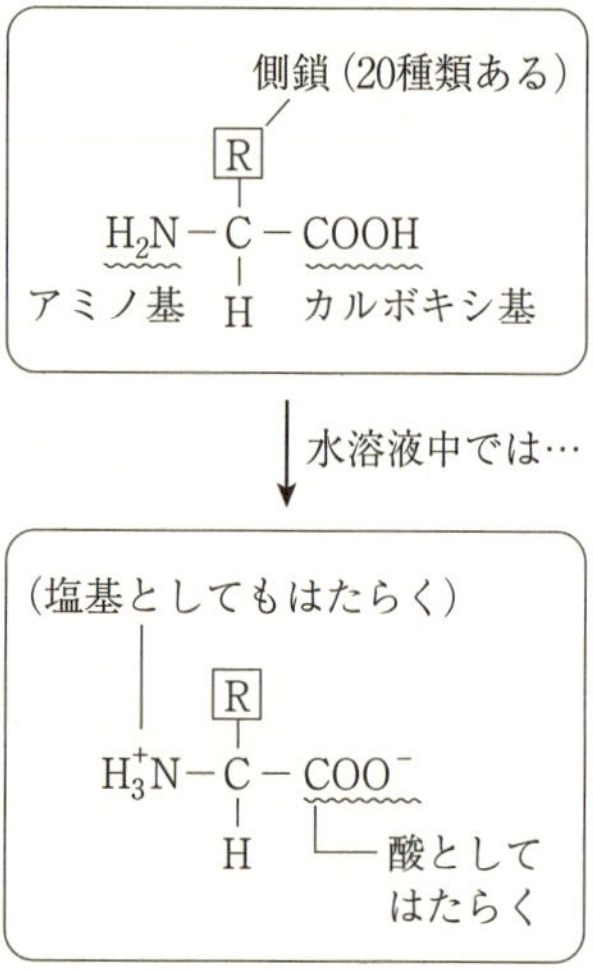
側鎖（20種類ある）
R
$H_2N-C-COOH$
H
アミノ基
カルボキシ基
水溶液中では…
（塩基としてもはたらく）
R
$H_3\overset{+}{N}-C-COO^-$
H
酸として
はたらく

図3　アミノ酸の構造

は、アミノ基がプラスに、カルボキシ基がマイナスに荷電した「両性イオン」の状態で存在する（図3）。

アミノ酸の基本的な構造自体は、図3に示したように単純なものだが、図3中で「R」と示してある部分にさまざまな種類があり、それがアミノ酸の種類を決めている。

ここで、アミノ基というこの原子の塊が、あの臭いアンモニア（NH_3）によく似ていることに気づかれた方もおられよう。

アミノ酸が体内でエネルギーを作り出すのに使われる際に、このアミノ基が切り離されてアンモニアになり、これが無毒な「尿素」の形に変えられて捨てられる。これがオシッコ（尿）の成分になる。

さて、アミノ酸はたんぱく質の材料であるが、難しい言葉を使うと、アミノ酸はたんぱく質の「基本単位である」という。これは言い換えると、たんぱく質の性質はアミノ酸が決めている、ということでもある。

決めているとはどういうことか。たんぱく質の性質決定会議みたいなものがあって、アミノ酸が一堂に会し、合議制でもって決めているわけではもちろんない。

アミノ酸の「何か」が、たんぱく質の性質を決める重要な要素となっている。

それは、アミノ酸の「種類」、そしてアミノ酸の「数」なのである。

二〇種類あるアミノ酸とその並び方

たんぱく質を作り上げるアミノ酸は、二〇種類ある（図4）。

無理して覚えなくてもよいが、覚えておいた方がいいこともある。アミノ酸の種類は、その分子の中に存在する「側鎖」という部分が決めている、ということである。つまり、アミノ酸の分子には、すべてのアミノ酸に共通の部分とそうでない部分があり、そうでない部分が二〇通りある、ということだ。

アミノ酸がずらりと一列に並んだときに、この側鎖の並び方がどういう具合になっているかによって、たんぱく質の性質（種類）が違ってくる（図8も参照）。なぜならたんぱく質は、このアミノ酸のずらりとした配列（アミノ酸配列という）が、側鎖同士の相互作用（引き合う力、もしくは結合する方法）などによって立体的に折り畳まれた結果、できるものだからである。

アミノ酸配列は、たんぱく質の基本である。どの種類のアミノ酸がどういう順番で、どれだけ

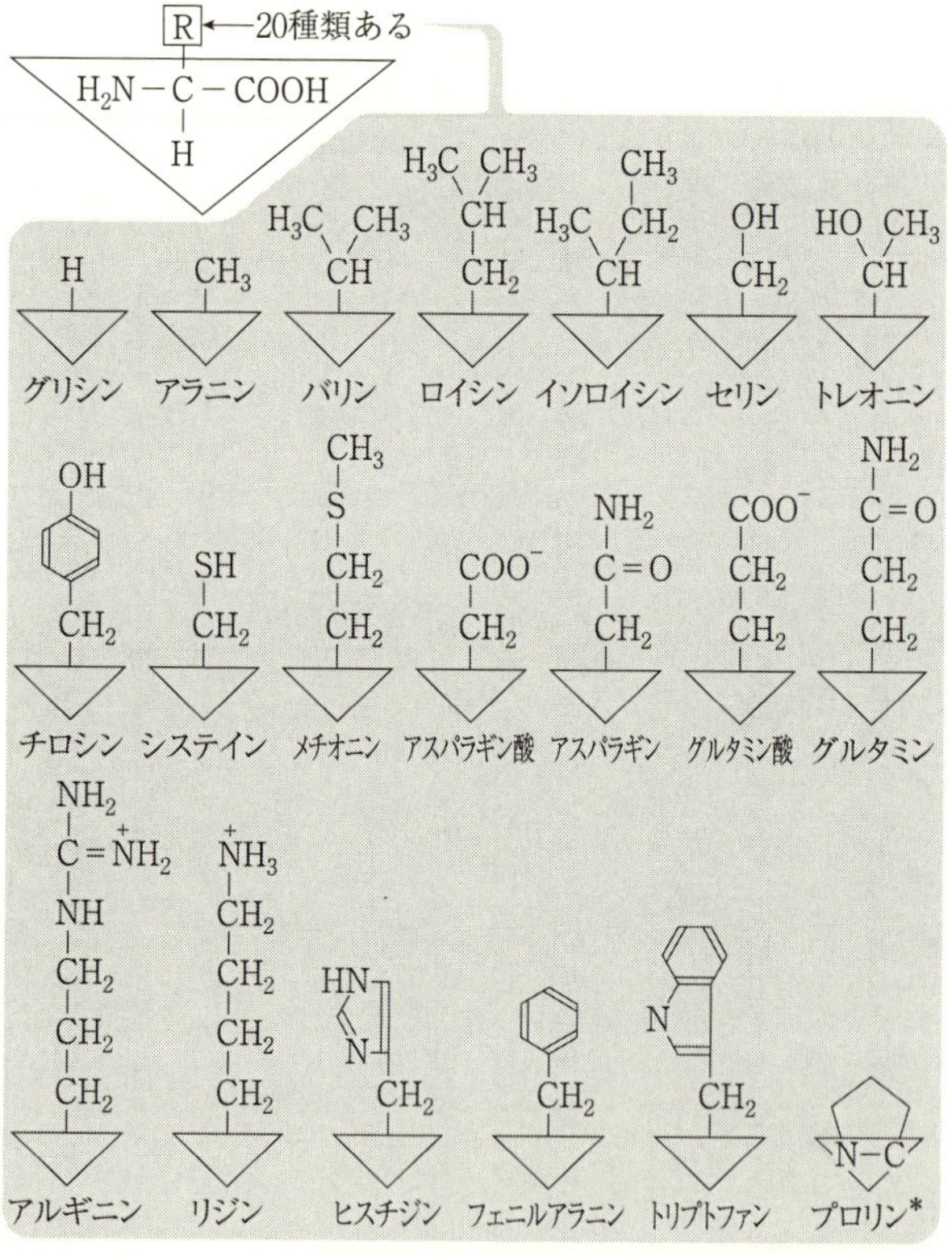

R
20種類ある
$H_2N-C-COOH$
H
グリシン
アラニン
バリン
ロイシン
イソロイシン
セリン
トレオニン
チロシン
システイン
メチオニン
アスパラギン酸
アスパラギン
グルタミン酸
グルタミン
アルギニン
リジン
ヒスチジン
フェニルアラニン
トリプトファン
プロリン*

*プロリンだけ、側鎖の一部がアミノ基と結合している。

図4　20種類のアミノ酸

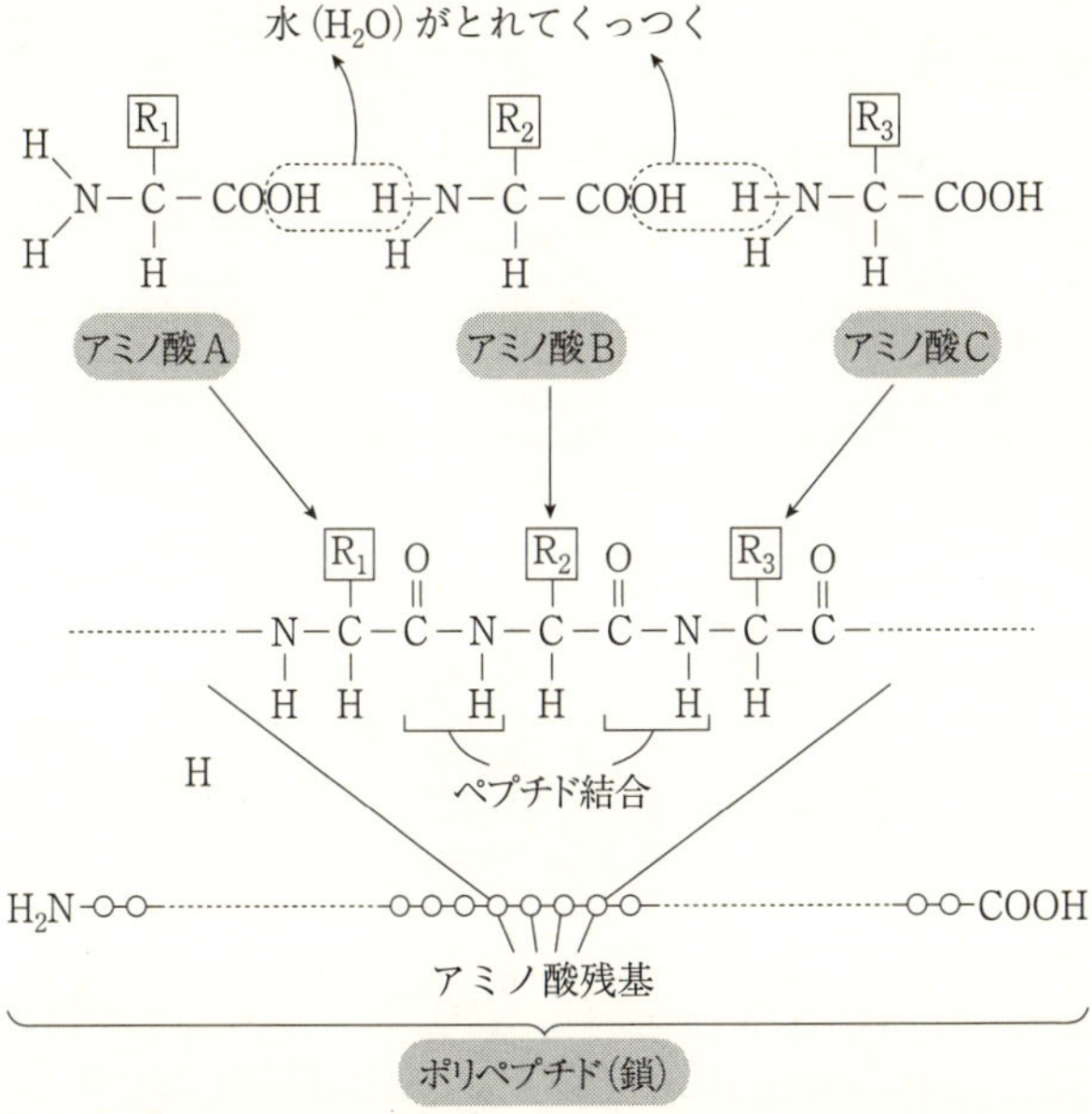
水（H_2O）がとれてくっつく
R_1
R_2
R_3
H
N－C－COOH　H－N－C－COOH　H－N－C－COOH
アミノ酸A
アミノ酸B
アミノ酸C
O
ペプチド結合
H_2N
COOH
アミノ酸残基
ポリペプチド（鎖）

図5　たんぱく質の一次構造。ポリペプチドの両端のアミノ酸だけは、アミノ基（H_2N-）とカルボキシ基（-COOH）がそのまま残る。

の数つながるか、これがたんぱく質の性質を決めるのだ。たんぱく質のこの基本的な形を「一次構造」という（図5）。

それぞれのアミノ酸は、「ペプチド結合」と呼ばれる結合によって結びつけられている。この結合は、たとえばアミノ酸Aのカルボキシ基とアミノ酸Bのアミノ基が、水分子一個分がとれてくっつくという方法である（図5）。その結果としてアミノ酸がたくさんつながり、横に並んだ状態の一次構造は、「ポリペプチド」（ポリとは「たくさんの」という意味）あるいは

「ポリペプチド鎖」とも呼ばれる。

たんぱく質の性質やはたらきは、この一次構造の段階で、すでに決まるのである。

なお、ポリペプチドの中では、それぞれのアミノ酸はすでにアミノ「酸」ではなくなっており、「アミノ酸残基(ざんき)」と呼ばれる(図5)。

肉を食べることの意味

それでは、ここでまた本章冒頭の疑問に立ち返ろう。

私たちはなぜご飯を食べる必要があるのだろう。

なぜ私たちは、苦しい思いをしてはたらいたお金で肉を買い、食卓に供するのだろう。そこに、どのような意味があるというのだろう?

くり返しになるが、答えはすこぶる簡単である。

私たちの体もたんぱく質でできているからである。そして、たんぱく質にも寿命があるため、どんどん失われていくたんぱく質をあとからあとから、補給し続けなくてはならないからである。

私たち生物の細胞は、植物と動物で多少異なるが、七〇%程度は水でできている。

動物の細胞では、この水を除いた残りの成分のうち、最も多いものがたんぱく質であって、動物細胞全体のおよそ一五％程度を占めている。植物の細胞は、細胞壁の主成分であるセルロースや、光合成でできたでんぷんのおかげで炭水化物の割合は多いが、そうしたものを除けば、やはりたんぱく質がいちばん多く含まれている。

私たち生物は、体内でたんぱく質を新しく合成することはできる。たんぱく質の材料である二〇種類のアミノ酸のうち、過半数を新たに合成することはできる。

しかし、たとえば私たちヒトは二〇種類のうち九種類のアミノ酸を、体内で合成することができない。こうしたアミノ酸は、食物として外部から取り入れなければならないのだ。これを「必須アミノ酸」という。外部から摂取することが生存に必須だからである（図6）。

前節で栄養価の話をしたが、あるたんぱく質の栄養価が高いということは、この必須アミノ酸のすべてが、必要な分だけそのたんぱく質に含まれていることを意味している。九種類のうち一つでも不足していれば、そのたんぱく質の栄養価はぐんと落ちる。

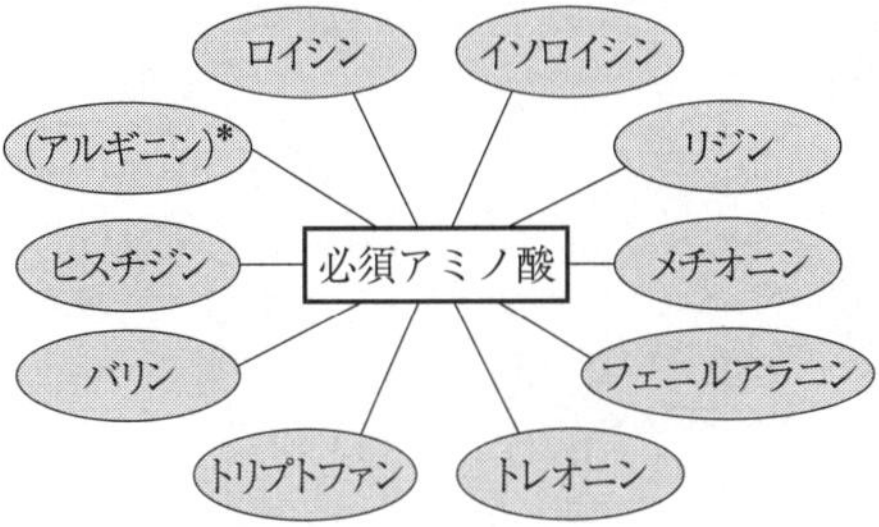
必須アミノ酸
ロイシン
イソロイシン
リジン
メチオニン
フェニルアラニン
トレオニン
トリプトファン
バリン
ヒスチジン
(アルギニン)*

*鳥類などではアルギニンも加え、10種類を必須アミノ酸としている

図6　必須アミノ酸

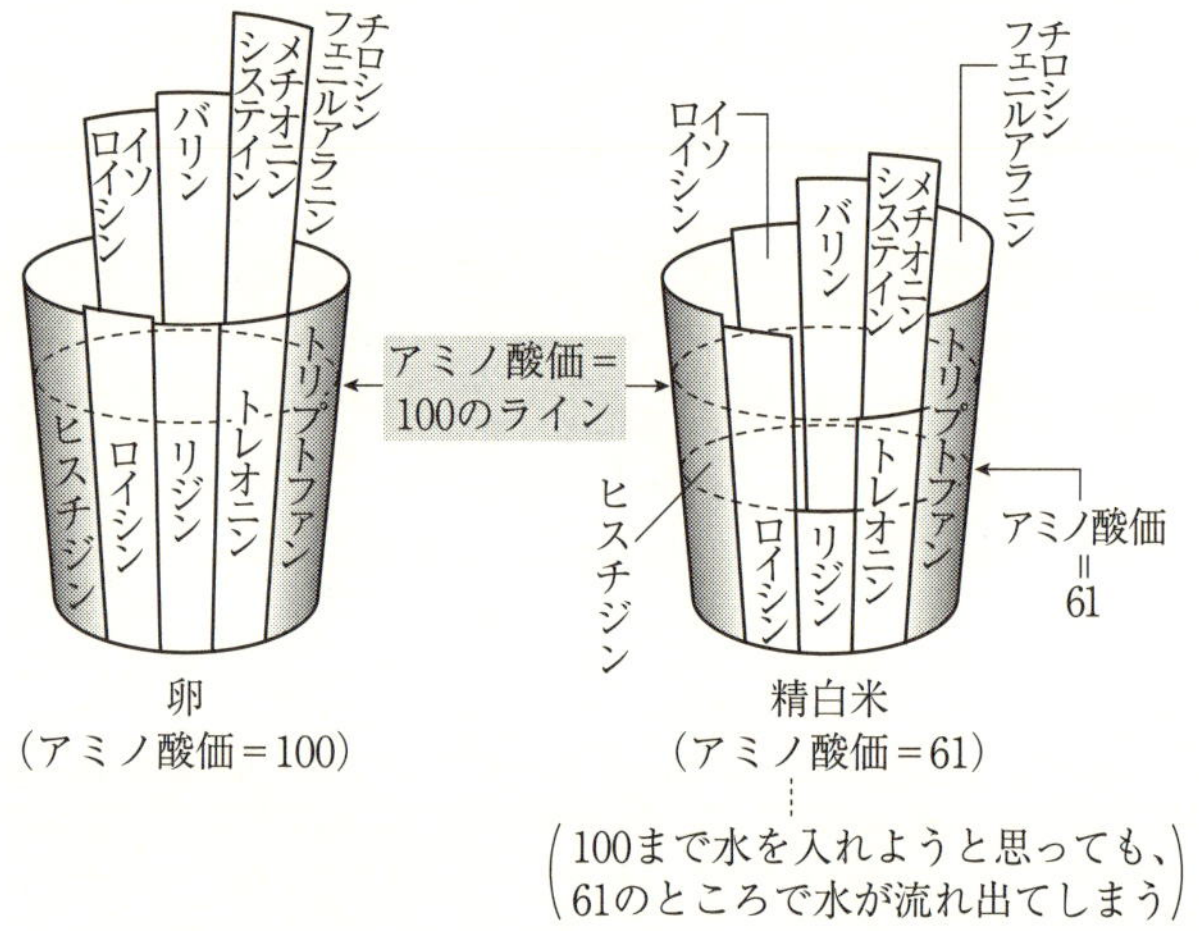
チロシン
フェニルアラニン
メチオニン
システイン
バリン
イソ
ロイシン
トリプトファン
トレオニン
リジン
ロイシン
ヒスチジン
アミノ酸価＝
100のライン
チロシン
フェニルアラニン
イソ
ロイシン
メチオニン
システイン
バリン
トリプトファン
トレオニン
リジン
ロイシン
ヒスチジン
アミノ酸価
＝
61
卵
（アミノ酸価＝100）
精白米
（アミノ酸価＝61）
100まで水を入れようと思っても、
61のところで水が流れ出てしまう

図7　アミノ酸価の“バケツモデル”（出典：飯塚美和子ほか編『基礎栄養学 改訂8版』，南山堂，2010，43頁）

あるたんぱく質において、最も不足している必須アミノ酸のことを「第一制限アミノ酸」という。そして、この第一制限アミノ酸の量をもとにして算出される栄養価が、前節最後で述べた「アミノ酸価」なのである（表1も参照）。この数値は、世界保健機関（WHO）や国連食糧農業機関（FAO）が策定した基準となる量に比べて、その第一制限アミノ酸がどれくらい多いか少ないかを百分率で表したものである。

第一制限アミノ酸の意義をわかりやすく示したのが図7だ。必須アミノ酸を含むアミノ酸の〝板〟で囲んで作ったバケツがあり、これがあるたんぱく質の良質さを表すとする。このバケツの上部に、100という数字が書かれた線があって、ここまで水が入ることが重要であるとする。つまり、この線まで水が入ってはじめて、このバケツ（たんぱく質）は必須アミノ酸が十分に存在する、良質なものとみなされるわけだ。

ところが、もしある必須アミノ酸が不足していた場合（図7では精白米の場合）、このバケツに水を入れ、その水の量を増やしていくと、その不足している第一制限アミノ酸（図7ではリジン）の〝板〟の先端に水面が来たところで、水はバケツの外へ流れ出始めてしまう。

卵や牛肉のアミノ酸価は一〇〇である（表1も参照）。一〇〇という数値は、バケツの水が十分満たされるということを意味し、そのバケツ、すなわちたんぱく質には第一制限アミノ酸などという〝レッテル〟が貼られるようなアミノ酸が存在しないということを意味している。

これに対して、植物由来のたんぱく質には制限アミノ酸があることが多く、アミノ酸価は一〇〇未満である。ただし、現在の基準では、〝畑の肉〟とも呼ばれる大豆たんぱく質のアミノ酸価は一〇〇である（表1も参照）。

肉は、たんぱく質の栄養価の観点から見れば、すこぶる良質なたんぱく質の供給源なのだ。だからこそ、私たちは肉を食べるのである。

第三節 「焼く」とどうなる? たんぱく質

それまで生の肉を食べていた人類の祖先が、あるとき、火を使って肉を焼くことを覚えた。はじめて火を使うことができたと考えられている人類の祖先は、ホモ・エレクトゥス（*Homo erectus*）である。いわゆる「原人」で、北京原人やジャワ原人はホモ・エレクトゥスだ。およそ一六〇万年前に現れたとされるホモ・エレクトゥスたちは、自分でおこし方を覚えたのか、自然に燃えている火を使ったのかは知らないが、とにかく火を使うことができるようになった。

その火を使って何をどうしたのかというと、食べ物を「焼く」ことを覚えたのである。火を使って食べ物を「焼く」ことに、はたしてどういうメリットがあったのか。まずは、私たち自身の生活の中で見られる「焼く」という行為を振り返ってみよう。

目玉焼き・焼き肉・イカ焼き

卵の白身に火が通ると、白く固まる。

血がしたたる生肉を焼くと、血は黒く変色して固まり、赤みを帯びた肉は香ばしい匂いと、食欲をそそる油のはねる音とともに赤茶色に変色し、少しだけ硬くなる。のぺっと力なく寝そべる生イカは、熱が加わることによって徐々に白くなり、引き締まり、きゅうっと内側に巻き込むように形を変えて、うま味がきいたタレとともに客の胃袋へとおさまる準備を始める。

これらに共通して起こっているのは、卵、肉、イカ（イカだって肉だけれど）それぞれの身に含まれるたんぱく質が、熱によって「変性」する現象である。

変性は、読者諸賢もすでにご経験済みのごとく、液状の白身が白くなり、固まるという現象、そして、やわらかで幾分透明を帯びていたイカの肉が、白くユデダコのように（ユデダコは赤いが）固まる、という現象として、私たちの目の前に現れる。

たんぱく質が変性すると、形が変わり、それまでのはたらきが失われてしまうのである。たんぱく質の変性のメカニズムを知るためには、たんぱく質がどういう構造をし、どういう状態のときに「はたらいている」といえるのかについて、知っておく必要があるだろう。

二次構造

たんぱく質のはたらきを考える上で、アミノ酸配列の「折り畳まれ方」が重要な意味を持つ。

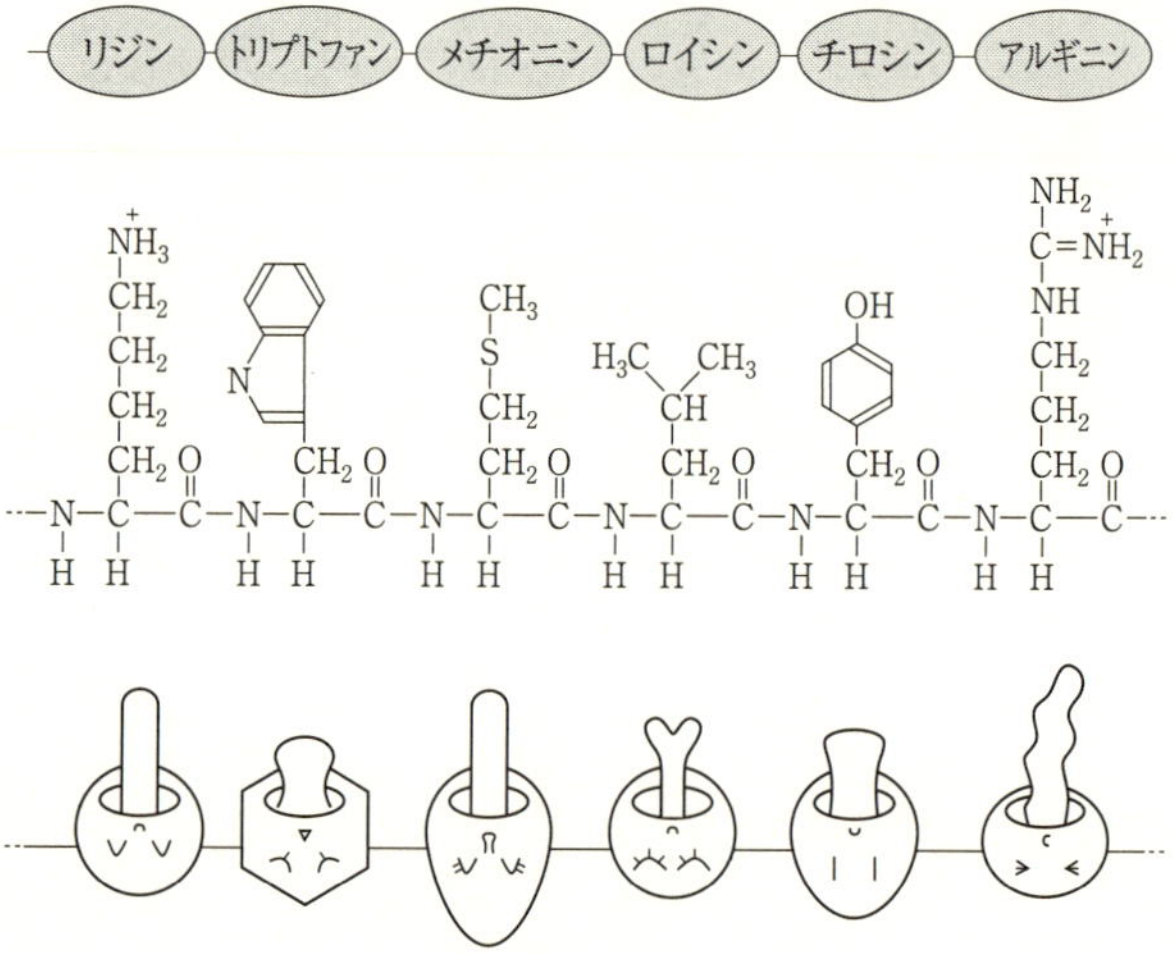
リジン
トリプトファン
メチオニン
ロイシン
チロシン
アルギニン

図8　ずらりと並んだ側鎖と一次構造

アミノ酸配列というたんぱく質の基本的な形を一次構造と呼ぶことについては、前節でご紹介した。

このアミノ酸配列がその後、どのような運命をたどっていくかは、そのアミノ酸から突き出た「側鎖」によって決められている。

図8をご覧いただきたい。この図は、図5よりも詳しく、アミノ酸の側鎖の構造も描き加えた上で、一次構造を図示したものだ。

一列に並んだアミノ酸が、まるで〝ベロベロバー〟をしているかのように、そのさまざまな種類の〝舌〟を出しているように見える。

この突き出た側鎖同士の相互作用などによって、より高次の構造が形作られていくのである。

まずは、ある決まった形が作られる。

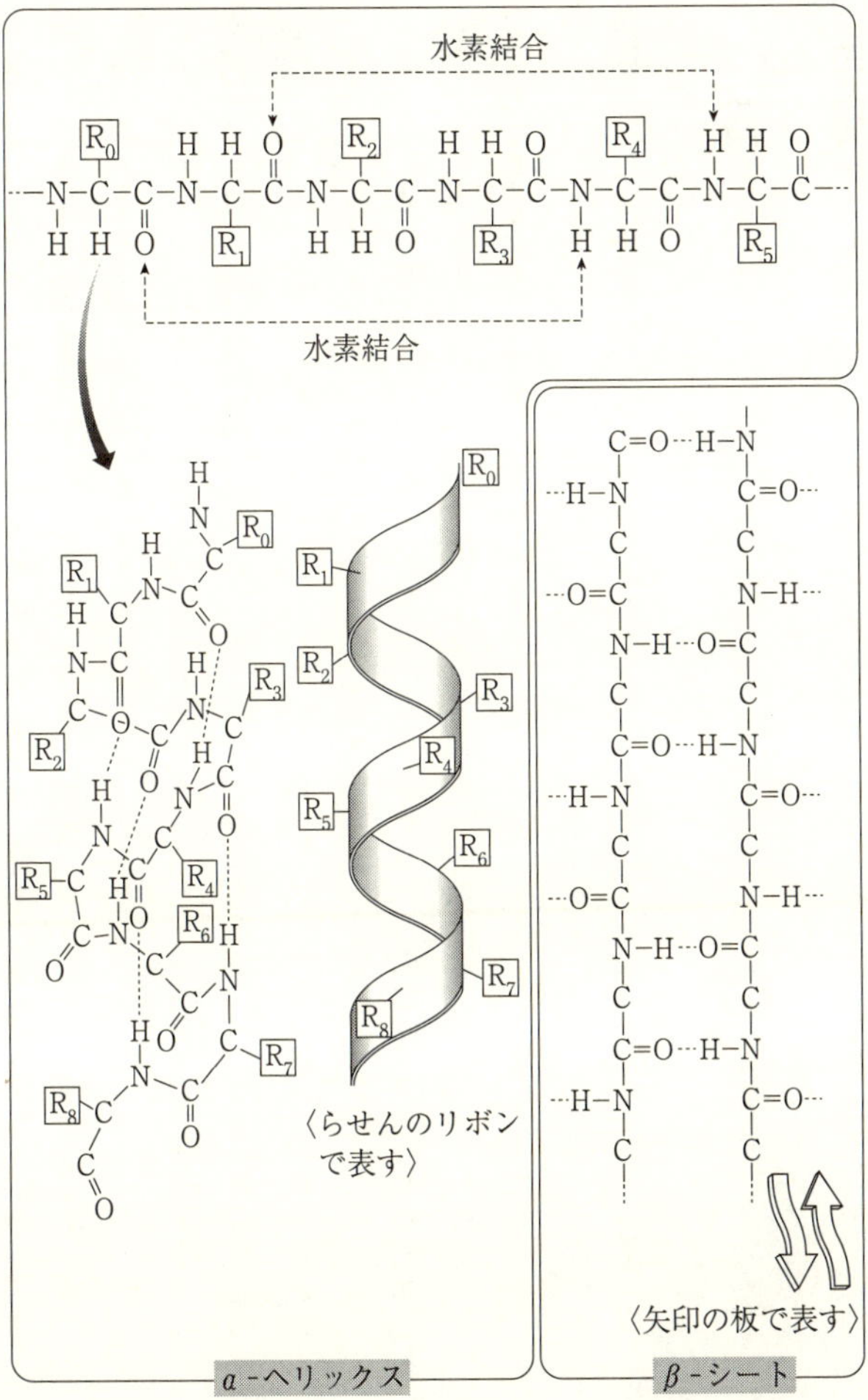
水素結合
水素結合
〈らせんのリボンで表す〉
〈矢印の板で表す〉
α-ヘリックス
β-シート

図9　α-ヘリックスとβ-シート。α-ヘリックス左下の図とβ-シートの図では、炭素（C）についた水素（H）は省略している。またβ-シートの図では各アミノ酸残基の側鎖も省略している

α－ヘリックスとβ－シートと呼ばれる構造だ。前者はヘリックス（helix）、すなわちらせん状の形であり、後者はシート（sheet）、つまり板状の形である（図9）。β－シートを形成する一本一本のアミノ酸配列は、β－ストランドという。

α－ヘリックスは、あるアミノ酸の酸素原子（O）と、そのアミノ酸から四つ目のアミノ酸の水素原子（H）との間に形成される「水素結合」が基本となって形成される。この水素結合がそれぞれのアミノ酸（とそれから四つ目のアミノ酸）との間で順次形成されることによって、全体としてらせん状のコイルを巻くのである（図9）。

ただし、一次構造であるアミノ酸配列の全体がそうなるのではなく、その一部がらせん状になる。α－ヘリックスは、どのたんぱく質にも必ず一つ以上はあると考えられるほど、多くのたんぱく質で見られる基本形なのだ。

一方β－シートは、アミノ酸配列同士がやはり水素結合によってゆるく結びつくことにより、規則的に折り畳まれたアミノ酸の鎖が全体的に板状に広がった形になる（図9）。これも、多くのたんぱく質で見られる基本形の一つである。

一次構造をもとにして作られるこうした部分的な基本形を「二次構造」という。

三次構造

一次構造の一部が二次構造をとったとしても、それではまだたんぱく質としてうまくはたらくところにまでは到達しない。

この二次構造同士が、またほかのアミノ酸の側鎖の力も関係しながらさらに複雑に折り畳まれていったところで、ようやくそのポリペプチドは、あたかもボウフラがカになるがごとく、またヤゴがトンボになるがごとく、「たんぱく質」になる。

このようなことを書くと、それじゃあポリペプチドは幼虫で、たんぱく質は成虫だってエのかい！　と言われそうだが、もちろんそうではない。

「たんぱく質」という場合、そこには何らかの役割を果たす、機能的な状態がなければならない。「ポリペプチド」は、単なる「ペプチド結合のつながり」にすぎないわけで、その意味で、「ポリペプチド」と「たんぱく質」には、「幼虫」と「成虫」ほどの差がある、ということが言いたいのである。

閑話休題。

二次構造がさらに複雑に折り畳まれていき、ようやく「たんぱく質」と呼べるにふさわしい状態となったとき、それを私たちは「三次構造」と呼ぶ。

図10で示したのは、教科書によく出てくる典型的なたんぱく質である「リゾチーム」である。

ご覧のように、二次構造のα－ヘリックスやβ－シートがあちらこちらで形成されており、全体が折り畳まれている。これがリゾチームの三次構造であり、この形をとってはじめて、ポリペプチドはリゾチームとしてのはたらきをすることができるのだ。

ちなみに、たんぱく質の立体構造をリボンのように描いたこのようなモデルを、その名のとおり「リボンモデル」という。本書では、このモデルがこれから先もちょくちょく登場する。

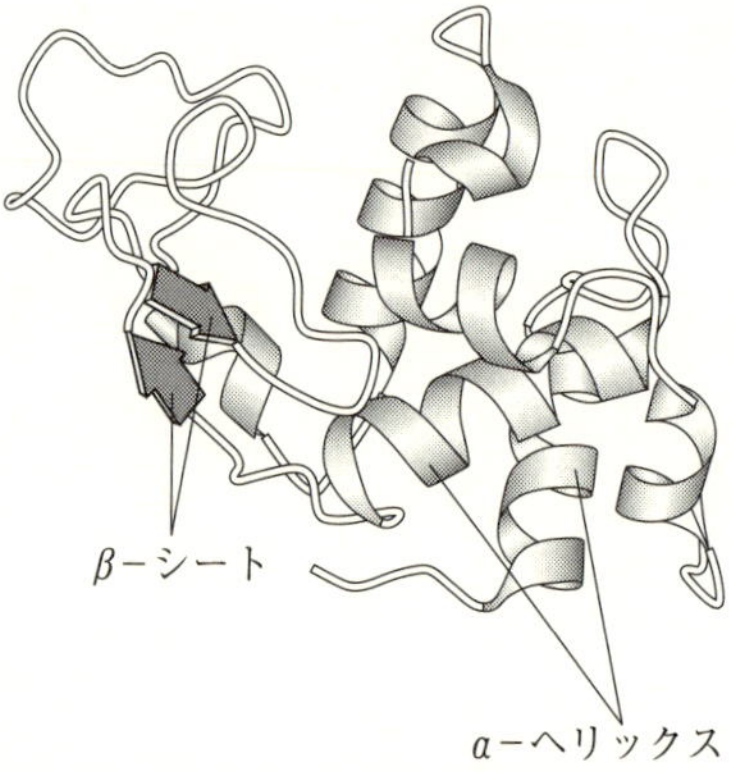

β－シート
α－ヘリックス

図10　リゾチームの三次構造（出典：Berg JMほか著『ストライヤー生化学・第6版』，入村達郎ほか監訳，東京化学同人，2006，60頁）

四次構造とサブユニット

この社会では、チームを組んで何かをすることが多い。筆者などのような学者・研究者もそうである。

学者などというと、世間知らずの変人で、何か知らないが地下の実験室で黙々とヘンな研究をしているとか、大学の研究室に閉じこもって日がな一日古典文学を読み漁っているとか、たいてい「世間の目の触れないところで、一人で何かをやっている」かのようなイメージが付きまとっているが、現実はそうではない。

現代では、研究者はたいていの場合、研究チームを作って研究活動を行うのを常とする。とりわけ筆者ら生命科学系はそうである。研究手法が多様化し、もはや一人の研究者で実験を行って一つのまとまった研究成果を出すには限界が生じているからだ。そこで、自分の研究室の大学院生だけでなく、他の研究室の研究者や大学院生などと共同研究をする。そこではじめて、まとまった研究成果をひねりだすことができる。その点、学界もほかの業界も変わらない。現代の科学界に、孤高の〝お茶の水博士〟は存在しないのである。

なぜそんな話をしたのかというと、私たちの、とりわけ細胞の中ではたらくたんぱく質も、似たような状況に置かれているからにほかならない。

三次構造を作って「たんぱく質」として自立したはずのポリペプチドではあったが、イザ、何かのはたらきをしようとしても、なかなか一人では効率よく仕事が進まないという場合が多い。細胞の内部は極めて多くの分子がひしめきあった、芋を洗うがごとき状態になっているし、化学反応の種類も膨大で、複数の化学反応が協調しながら、複雑にからまりあって細胞の活動を支えているからである。

そこでたんぱく質は、いくつかの〝仲間〟が集まって一つのチームを作り、協同してコトにあたるという選択をする。

たとえば、前著『生命のセントラルドグマ』（講談社ブルーバックス）でもご紹介したことで

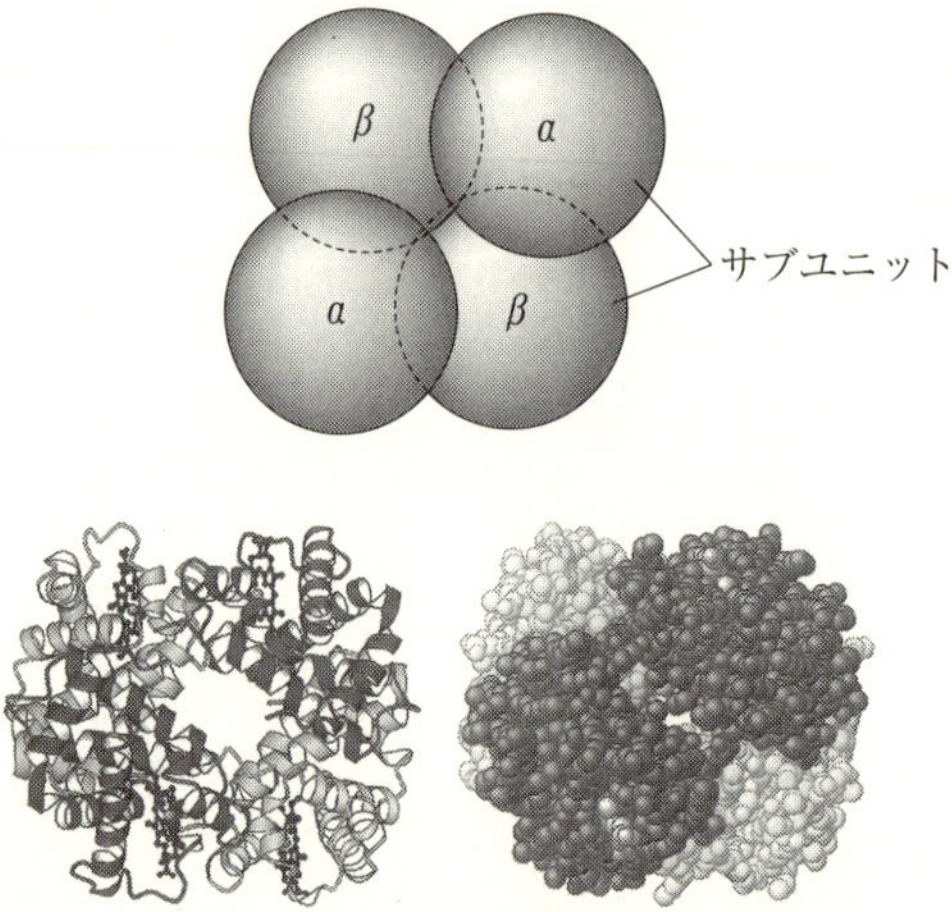
β
α
α
β
サブユニット

図11　ヘモグロビンの四次構造。左下図はリボンモデル、右下図は空間充填モデル（下図出典：図10と同、ただし48頁）

あるが、遺伝子の転写（第二章第三節参照）にかかわる「ＲＮＡポリメラーゼⅡ」と呼ばれるたんぱく質がある。このたんぱく質は、三次構造を作った一個のポリペプチドからできているのではなく、じつに一二種類ものポリペプチドが寄り集まってできた、巨大な〝たんぱく質の複合体〟なのである。こういう状態になってはじめて、この〝たんぱく質の複合体〟は、ＲＮＡポリメラーゼⅡという名前にふさわしい役割を果たすことができる。

このように、三次構造を作ったポリペプチドがいくつか集まって、一つの役割を果たすたんぱく質の複合体ができる場合、その構造を「四次構造」という。たとえば、私たちの赤血球に存在し、酸素を運搬する役割を持ったたんぱく質「ヘモグロビン」は、α、βの二種類ある「グロビン」という名のたんぱく質（ポリペプチド）が、二個ずつ集まって作られた四次構造を形作っている（図11）。
　そして、この四次構造を作っている、三次構造をとったそれぞれのポリペプチドのことを、特別に「サブユニット」という。それぞれのサブユニットは、たんぱく質としては独立したものであるにもかかわらず、四次構造においては単なる〝構成員〟にすぎないのである。

変性

目玉焼きを作ったときに、それまで透明だった白身が真っ白になってしまうのは、卵白に含まれるたんぱく質（その多くはオボアルブミン）の三次構造が、熱によって壊されてしまい、その結果お互いに凝集（固くぎゅっと集まってしまうこと）してしまうことによる。これがたんぱく質の「変性」である。

　変性とは、平たくいえば「形を変え、はたらきを失ってしまう（失活する）」ということだ。熱をかけると、たんぱく質のこの三次構造が変化し、往々にしてはたらきが失われる。ときには二次構造までも変化する。

　別の言い方をすれば、変性は〝高次〟構造上の変化の帰結としての失活だから、通常、熱による変性などの場合、アミノ酸配列上で変化が起きることはない。一次構造は変化しないのである。

だから、食品を熱で加工しても、そのたんぱく質の栄養価が下がってしまうことはない。アミノ酸の組成（そのたんぱく質中の、それぞれのアミノ酸が含まれる割合）は変わらないからだ。むしろ、熱で加工することによってたんぱく質の形が変化し、消化酵素であるペプシンやトリプシン（第三章第一節参照）などの作用を受けやすくなる、という面もある。たんぱく質の栄養価は、そのたんぱく質に含まれるアミノ酸の組成によって決まる。食品を熱で加工するとたんぱく質は変性するが、たんぱく質自身が失活したとしても、アミノ酸の組成は変化しない。牛肉のたんぱく質は、焼かれることによって、筋肉のたんぱく質としてのはたらきは失われてしまうが、アミノ酸組成そのものは変わらないのである。

アミノ酸配列は変化しないので、変性してしまったたんぱく質を元のはたらきがある状態に戻そうと思えば、元に戻る潜在的な可能性は残っている。

しかし、そう簡単にはいかない。熱によって変性したたんぱく質が、自然の状態で元に戻ることは、まずない。その可能性は、別れた恋人同士がヨリを戻す確率よりもはるかに低く、限りなくゼロに近いといっていいだろう。

変性は、たとえば次のような結果をもたらす。

多くのたんぱく質では、六〇℃以上に加熱されると、たんぱく質自身、あるいはその周囲にあってたんぱく質と軽く結びついている水の分子（こういう状態を「水和」という）の運動が激しくなる。すると、四次構造は壊れ、三次構造を形作っているアミノ酸側鎖同士、あるいは二次構造同士のさまざまな結合（水素結合、疎水結合など）が破壊され、三次構造が大きく変化する。

通常、たんぱく質は、内部に疎水性部分（水がきらいなので内側に閉じこもった部分）があるが、加熱によって三次構造が大きく変化すると、こうした〝水がきらいな部分〟が表に出てきてしまう（図12）。

すると、なにせ水がきらいだから、「ぎゃ〜〜っ」と悲鳴を上げるのもそこそこに、他のたん

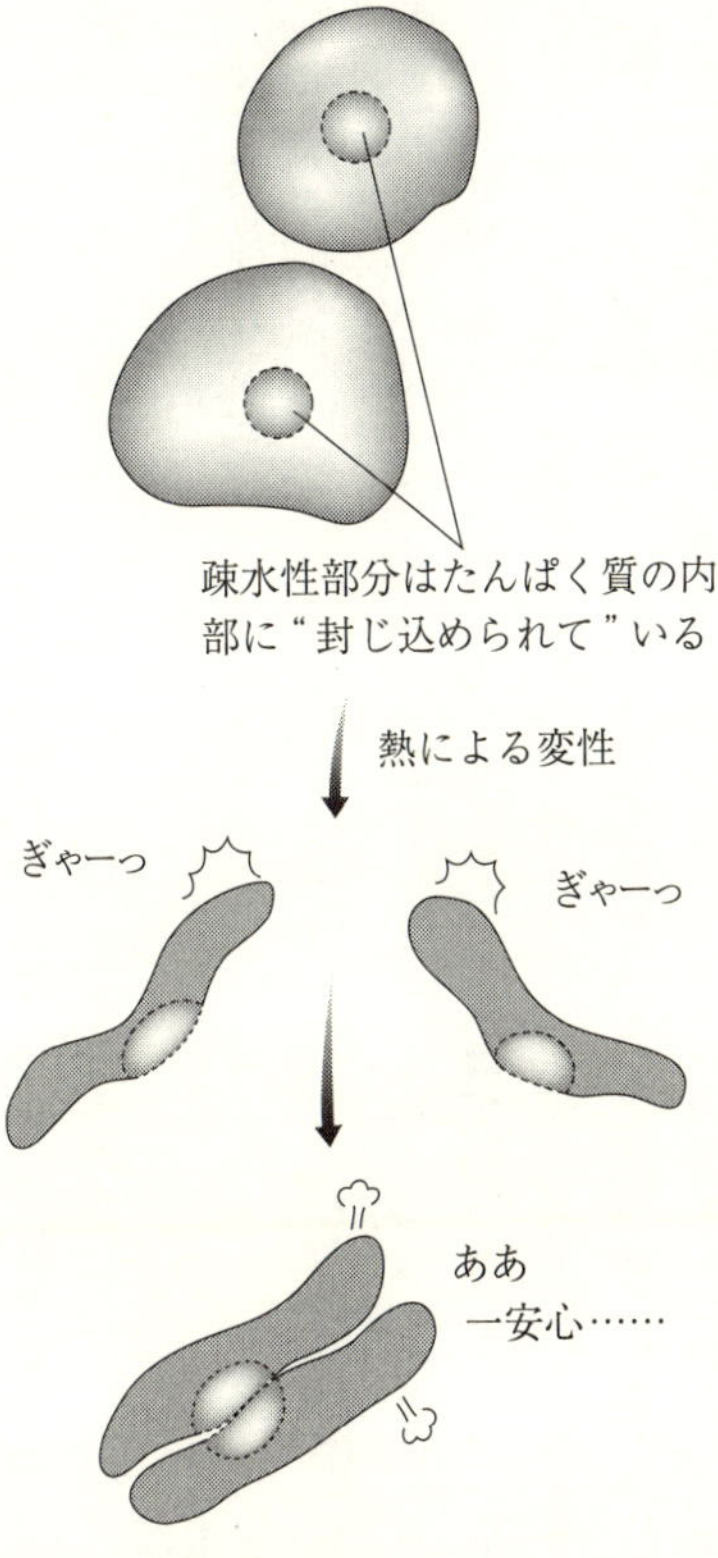
疎水性部分はたんぱく質の内部に“封じ込められて”いる
熱による変性
ぎゃーっ
ぎゃーっ
ああ
一安心……

図12　変性と凝集のイメージ

ぱく質の、やはり表に出てきた疎水性部分同士でいそいそと結合し合うことになる。こうして、たんぱく質の分子同士が凝集し、不溶化してしまうのだ。

火を使うメリット

加熱によるこうしたたんぱく質の変性は、じつは私たちの胃の中で起こっている現象とよく似ている。というより、本質的にはほぼ同じことが起こっているといってもいいかもしれない。

胃の中は、第三章第一節で述べるように、極めて強い酸性を帯びている。たんぱく質が強い酸にさらされると、熱にさらされる場合と同様、やはり「変性」が起きる。

たんぱく質の表面には、アミノ酸の種類によってプラスに荷電している部分やマイナスに荷電している部分が散在し、全体として、どのくらいの酸性度（アルカリ性度）のときにプラス・マイナスゼロになるかが、たんぱく質によって決まっている。これを「等電点」という。

強い酸にさらされると、たんぱく質表面（あるいは内部）に存在するこうした荷電部分が劇的に変化する。じつはこうした荷電も、たんぱく質の三次構造の形成に重要であることが多いため、たんぱく質はその三次構造を大きく変え、変性してしまうのである。

変性により、それまでの正常な丸っこい形から、たんぱく質分子がお互いに凝集してしまう場合のような、どちらかといえば細長い形に変化する。そうして、ペプシンなどの消化酵素によって切断されやすくなるのであろう。

すなわち、食品を火によってあらかじめ加熱しておくことで、そのたんぱく質は変性し、より胃の中で消化されやすくなるのである。いってみれば、胃の負担が軽減されるということだ。その結果、それまでは胃に負担がかかりすぎて食べられなかったような食べ物でも食べられるようになったのではないか。

火を使うメリットには、もちろん「殺菌」があるのだが、やはり食品中のたんぱく質を変性させることのメリットも大きかった。しかも、先ほども述べたように、加熱がたんぱく質の栄養価に影響を及ぼすことはない。

むしろ、食品中のたんぱく質は、ある程度変性させておいた方がよいのである。たとえば、食品中に、別のたんぱく質を分解するはたらきを持つたんぱく質が含まれていた場合を考えてみると、もし変性させずにそれを食べた場合、私たちの体内で、そのたんぱく質が私たちの体自身に悪い影響を及ぼしてしまうことも考えられるからだ（第五章第二節参照）。

もちろん、たいていの場合、胃酸で変性するから問題はないと思われるが、たんぱく質の中には酸性条件下でもダイジョブ！というようなものもいる。念には念を入れておいた方がよい。

私たち「食べる側」にとってみると、食品中のたんぱく質には、その食品が生物として生きていたときに発揮していたはたらきを、そのまま持ち込んでほしくないわけである。あくまでも食品だから、アミノ酸組成さえそのままで、おとなしく一列に並んでいてくれさえすればそれでよいのである。

さて、本章ではこのように、栄養学的な観点と、食べものに火を通して食べることの意味という観点も入れながら、たんぱく質の基本的な構造について簡単に見てきた。

次章では、栄養素として口に入れたたんぱく質が、どのようなステップを経て私たちの体を作り上げるたんぱく質へと「変化」していくのか、そのあらましをご紹介していくことにしよう。

コラム①　あ！　見たことある！　〜身の回りのものによく似ているたんぱく質〜

「モーター」のようなたんぱく質

タイヤのように回転したり、歯車のように回転したり。

肉眼で見ることのできる生物の体に、こういう「回転する」しくみは存在しない。タイヤのような足を持った生物を見たことがありますか？　ないでしょう？　ないのです。

ところが、細胞レベル、いや分子のレベルになると、そうした回転するシステムは存在する。しかも、たんぱく質がいくつか集まって回転したりすると、花火を見に集まってきたお客さんが、夜空に咲いた大輪の花を見て感嘆の声を上げるのに勝るとも劣らぬほどの熱狂を生むのである。

回転するモーターのようなたんぱく質の代表例が、ATP合成酵素と呼ばれるたんぱく質だ。ATP（アデノシン三(さん)リン酸）とは、RNAの材料の一つでもあるが、より広汎には、生物の持つ共通のエネルギー通貨として知られており、ミトコンドリアで生産される。このATP合成酵素という〝分子モーター〟は、一部はミトコンドリアの内膜にすっぽりと埋まったような格好になっており（図13）、実際にATPを作り出すもう一方の部分はミトコンドリアのマトリクスに向かって頭を覗かせている。

ミトコンドリアのマトリクスに向かって突き出た部分は、α、β、γ、δ、εという五種類のサブユニットからできており、そのうちαとβは三個ずつあるから、サブユニットの数は九個ということになる。

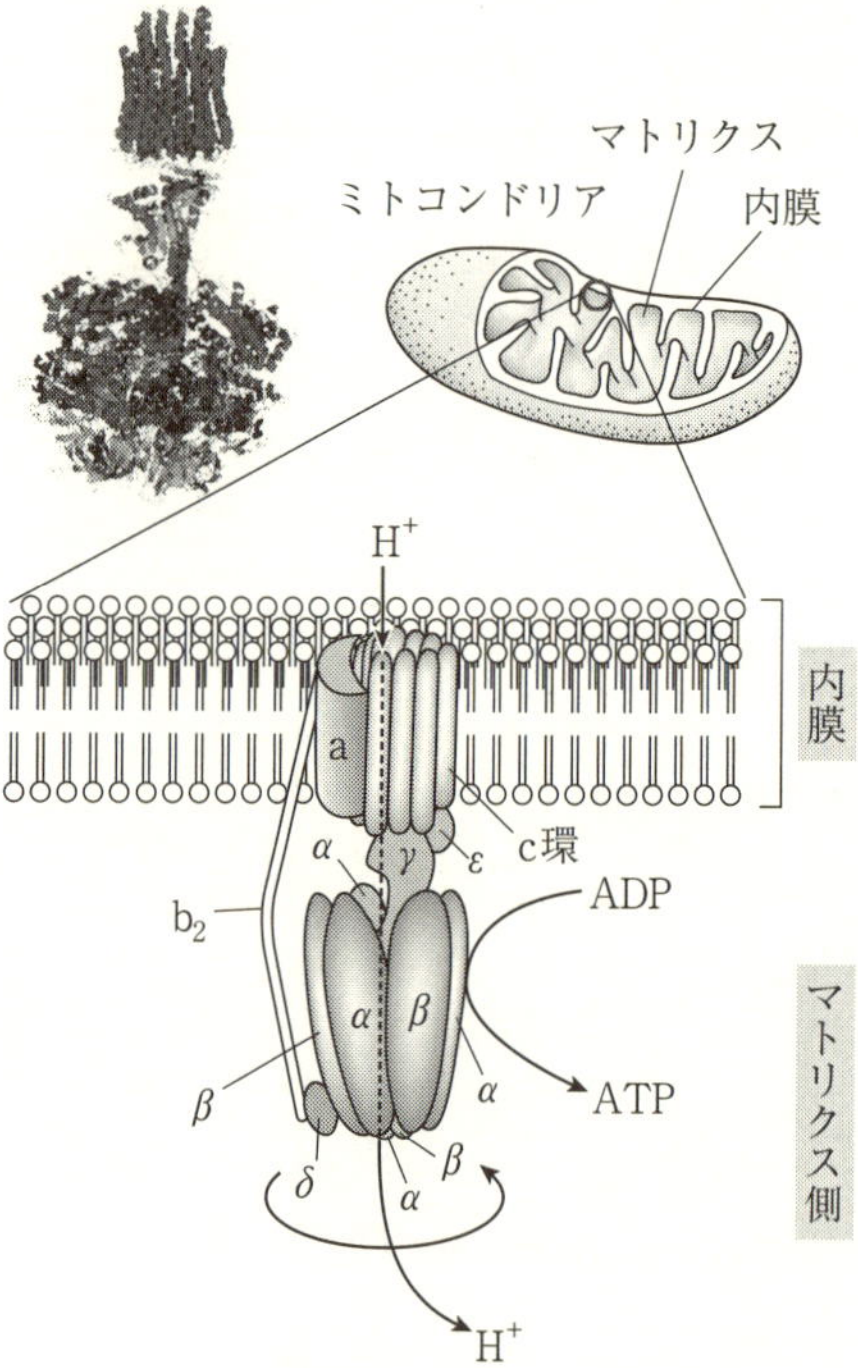

マトリクス
ミトコンドリア
内膜
H+
内膜
a
c環
α
γ
ε
ADP
b2
α
β
マトリクス側
β
α
ATP
δ
β
α
H+

図13　ATPを合成する「モーター」たんぱく質。左下図はリボンモデル（左上図出典：RCSB Protein Data Bank〔http://www.pdb.org〕下図出典：図10と同、ただし508頁）

一方、内膜にすっぽりと埋まった部分は、ｃサブユニットと呼ばれる棒状のたんぱく質が一〇～一四個、環状に束になったような状態で存在している（ｃ環という）。

そうして、この二つの部分をつなぐたんぱく質が、ａサブユニットと二個のｂサブユニット。自動車のモーターが複雑にできているのと同じく、この分子モーター、ＡＴＰ合成酵素も非常に複雑にできている。

これが、ミトコンドリアにおけるプロトン（H^+）の流れ（図13では内膜の外側からマトリクス側への流れ）を利用してぐるぐると回転しながら、ＡＴＰを作り出していく。

まさに「モーター」の名にふさわしいたんぱく質であるといえるだろう。

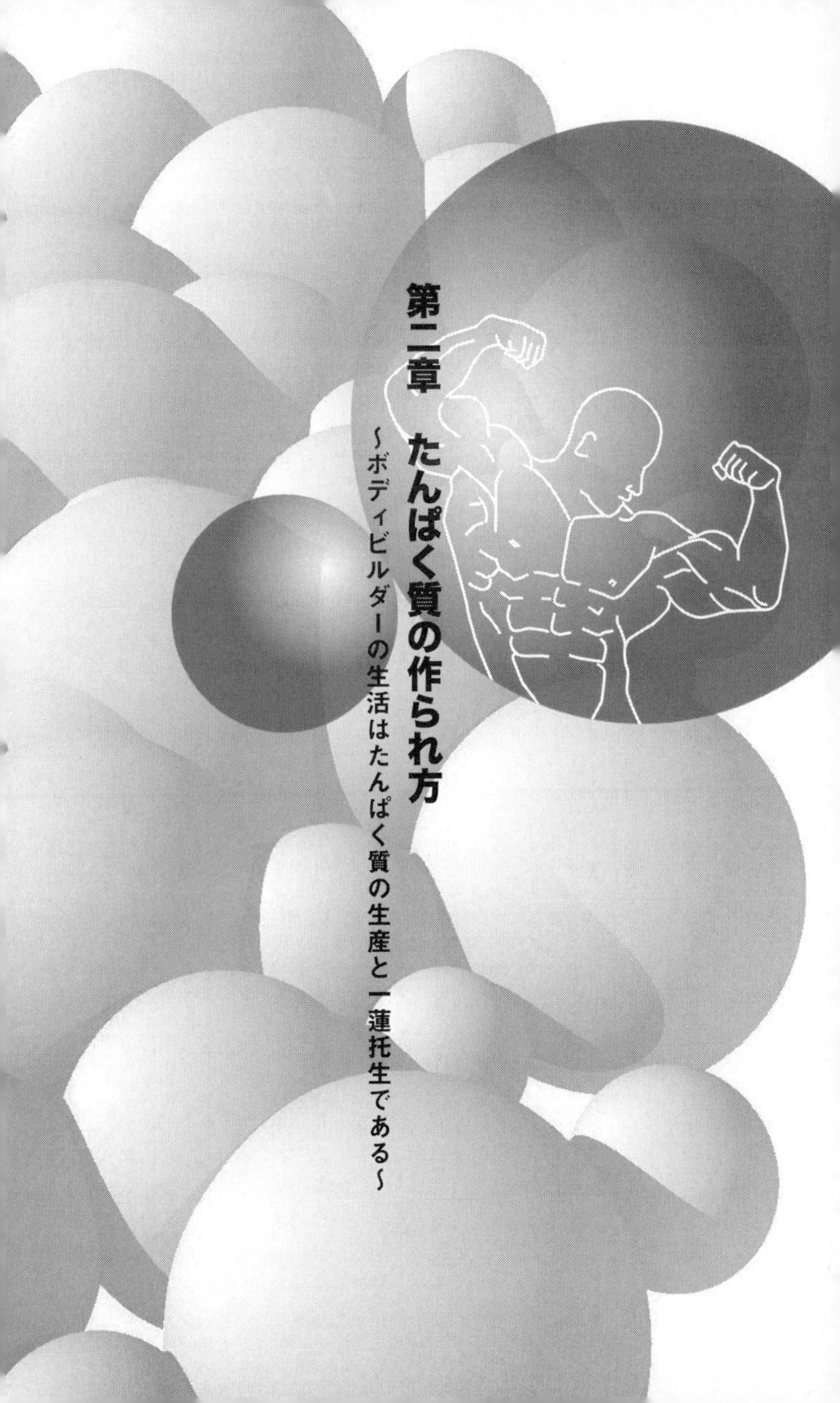

第二章　たんぱく質の作られ方

～ボディビルダーの生活はたんぱく質の生産と一蓮托生である～

第一節　体を作り上げるたんぱく質

筋肉隆々、まさに出芽酵母が分裂するがごとく筋肉から筋肉が生じ、さらにその連鎖でもって到底人間とは思われないほどの筋肉同士を積み重ねた、そんな感じの男たちが、壇上で繰り広げるボディビルディング。

あたかも内臓までもすべて筋肉化してしまったかのような体を、ボディビルダーたちは常人では思いもつかぬ苦労を重ねて維持しなければならないのだが、いったい彼らはどのようにして、その膨大な筋肉を維持しているのだろうか。

いやそもそも、私たちの筋肉は、体は、いったいどのようにしてたんぱく質を取り入れ、自分のものとして作り上げているのだろうか。

筋肉のたんぱく質

筋肉はボディビルダーの命であるが、同時に、筋肉はそれをもつすべての動物にとって、生きていくのに必要なものであることも忘れてはならない。

生きていくのに必要な筋肉。その内側にあって、真にその筋肉を支え続けるところにあるのは、生物の体を作り上げるために日々作られ、分解されていくたんぱく質の姿である。

私たち生物はすべて、「細胞」と呼ばれる小さな袋のような物体からできている。物体といっても、生命活動の基本的な単位だから、細胞一つ一つが「生きている」ということができる。私たちの体の組織は、ほぼ例外なく細胞でできており、当然のことながら、筋肉も細胞からできている。とはいえ、その様子はかなり特殊だ。

筋肉は、無数の筋細胞が融合して、あたかも「一つの大きな細胞」になったかのように振る舞う、巨大な収縮装置である。筋細胞がほかの細胞と大きく違うところは、その内部が筋原繊維と呼ばれるたんぱく質でできた繊維によってほぼ埋め尽くされていることであろう。まさに筋肉はたんぱく質の塊なのだ（図14）。

筋原繊維を作る主要なたんぱく質は、「アクチン」と「ミオシン」である。

このそれぞれが、「アクチンフィラメント」「ミオシンフィラメント」と呼ばれる細長い繊維を作り、またその繊維同士がまとまり、相互作用し合い、筋肉の頑強な状態をもたらしている。

よく知られているように、筋肉は収縮（ぎゅっと縮まること）と弛緩（ゆるむこと）を繰り返すことによって、体を動かす組織である。この収縮と弛緩は、「サルコメア」を単位としてアクチンフィラメントとミオシンフィラメントがお互いに〝滑り合う〟ことにより起こる。つまり、

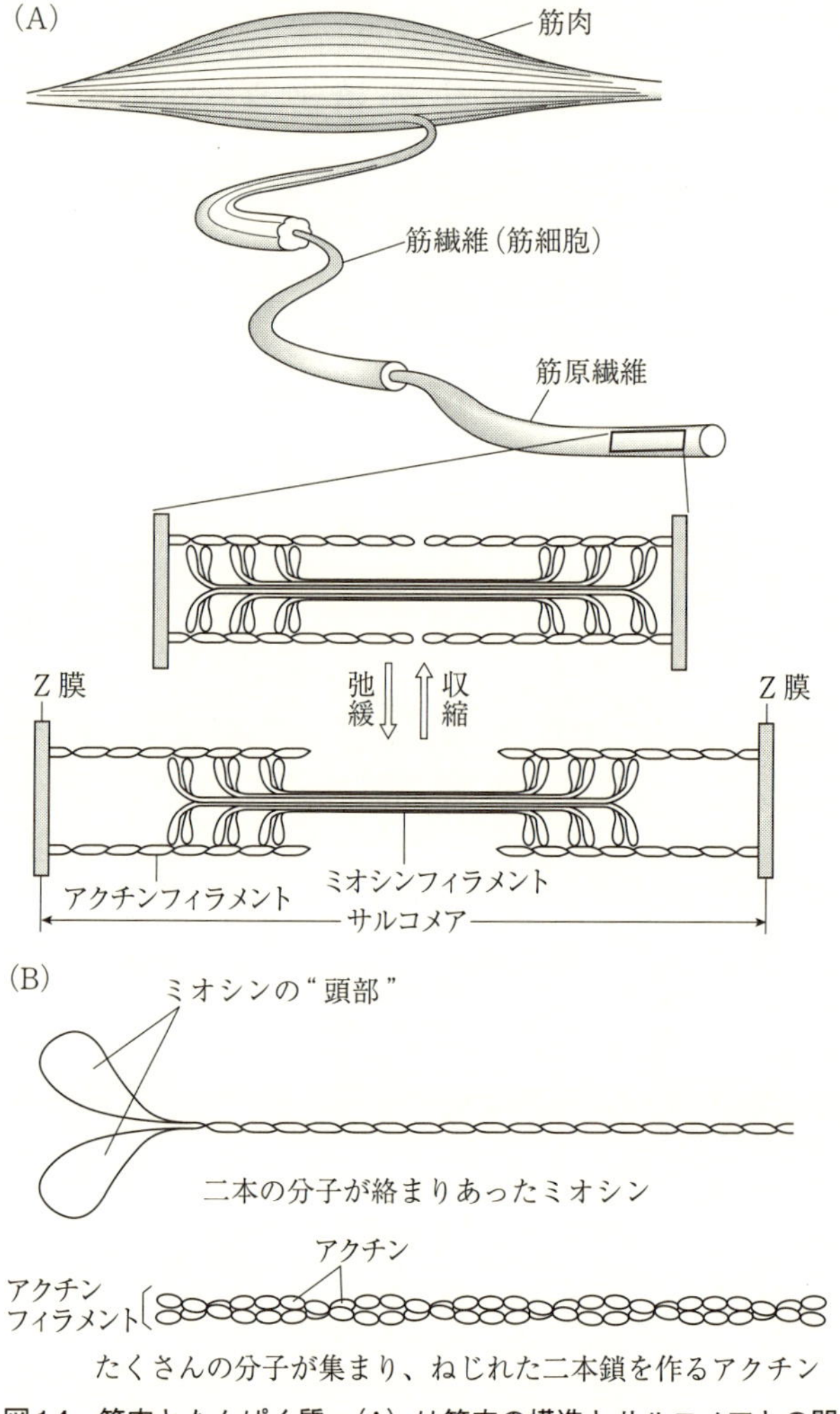
(A)
筋肉
筋繊維（筋細胞）
筋原繊維
Z 膜
弛緩
収縮
Z 膜
アクチンフィラメント
ミオシンフィラメント
サルコメア
(B)
ミオシンの“頭部”
二本の分子が絡まりあったミオシン
アクチン
アクチンフィラメント
たくさんの分子が集まり、ねじれた二本鎖を作るアクチン

図14　筋肉とたんぱく質。(A) は筋肉の構造とサルコメアとの関係。(B) はミオシンとアクチンの形

この〝滑り〟によってサルコメア一つ一つの長さが短くなり、その結果、筋肉全体が収縮する(図14)。

このような、アクチン、ミオシンなど筋肉の収縮をもたらすたんぱく質のことを「収縮たんぱく質」という。

たんぱく質の種類

筋肉以外のたんぱく質についても見てみよう。

私たちヒトの体を構成する細胞の種類は、二百数十ほどだが、そのトータルの数たるや、六〇兆個とも一〇〇兆個ともいわれる。もちろん誰かが数えたわけではない。推計値である。

日本の人口は、国勢調査があるから、そのトータルの数はだいたい正確に調べられている。ではその種類は、と問われると、男、女という種類で分ければだいたい半々ずつ、職業などで分けると、かなりの種類にのぼるだろう。

では、私たちヒトの体を構成するたんぱく質には、いったいどれくらいの種類があるのだろうか。

二〇〇三年、「ヒトゲノム」が解読された。ゲノムというのは、たとえばヒトの場合、ヒトをヒトたらしめている、「遺伝子」を含めた遺伝情報の全体、より簡単にいえば一セットのDNA

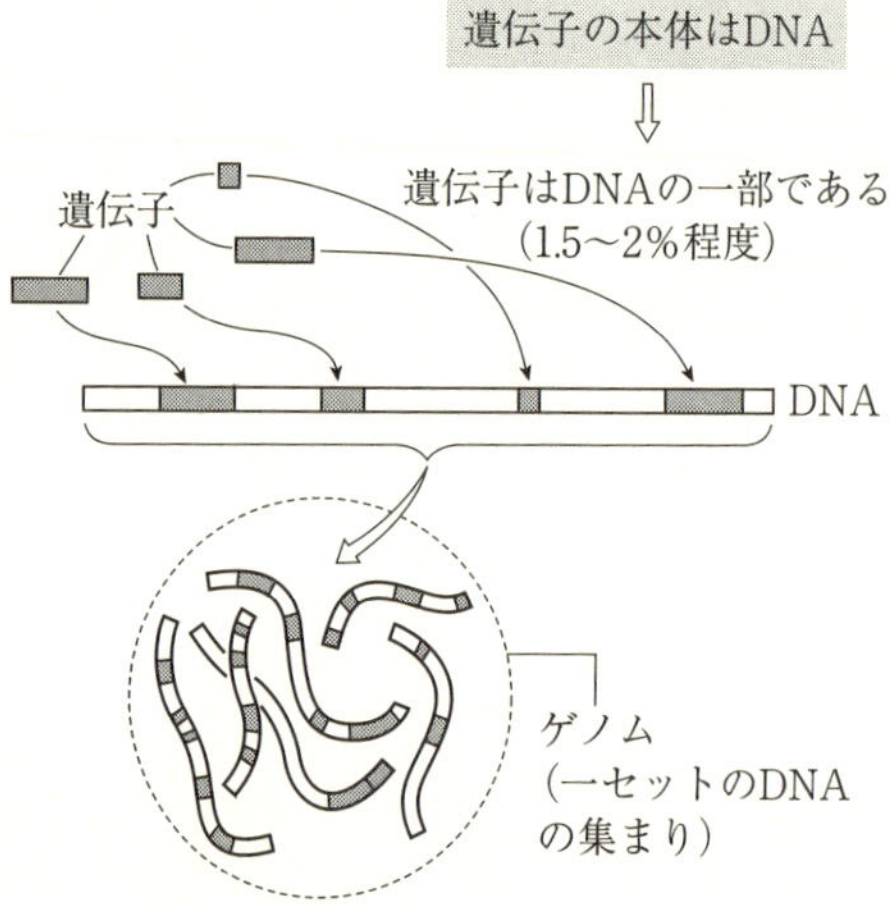
遺伝子の本体はDNA
遺伝子はDNAの一部である
（1.5〜2%程度）
遺伝子
DNA
ゲノム
（一セットのDNA
の集まり）
図15　ゲノム・DNA・遺伝子

の集まりである（図15）。遺伝子というのは、これも簡単にいってしまえば、たんぱく質を作るための設計図とでも表現することができ、その本体はＤＮＡ（デオキシリボ核酸）である。ヒトの場合、ＤＮＡ全体のうちたんぱく質を作るための設計図となっているのはわずかに一・五〜二％程度である。

ヒトゲノムの解読とは、この一セットのＤＮＡの集まりのすべての「塩基配列」（本章第三節参照）を明らかにしたということであるが、このヒトゲノムの解読によって、はっきりと遺伝子であることが確認された遺伝子は、およそ二万三〇〇〇個程度であった。もし「一つの遺伝子は一個のたんぱく質の設計図になっている」のであれば、たんぱく質の種類は二万三〇〇〇個程度のはずだ。

確かに、かつては「一つの遺伝子は一つのたんぱく質（あるいは酵素）を作る」と考えられていた時代があった。しかしながら現在では、「一つの遺伝子からは、複数種類のたんぱく質ができる場合が多い」ことが知られている。したがって、たんぱく質の種類が二万三〇〇〇個ということはまずない（図16）。

少なく見積もっても一〇万種類以上はあると考えられているが、正確な種類はまだ確定していない。

その総種類数は不明だが、ヒトの体内で、どのようなはたらきを持つたんぱく質が存在しているか、その概略についてはだいたいわかっている。

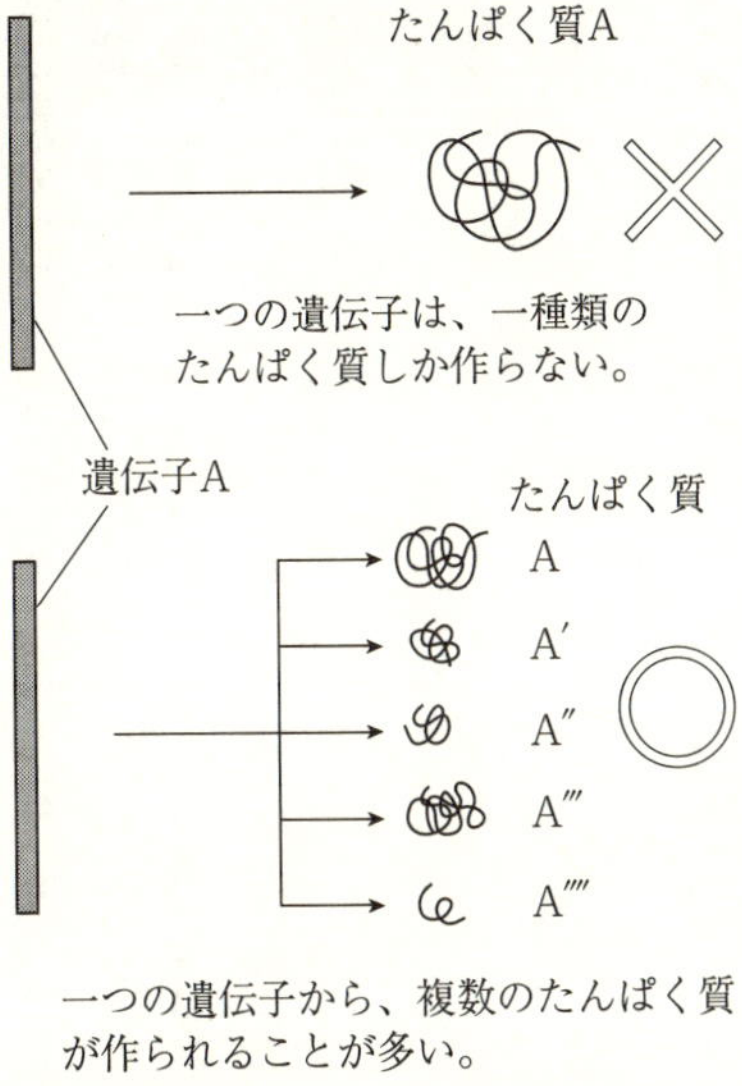
たんぱく質A
一つの遺伝子は、一種類のたんぱく質しか作らない。
遺伝子A
たんぱく質
A
A′
A″
A‴
A⁗
一つの遺伝子から、複数のたんぱく質が作られることが多い。

図16　遺伝子とたんぱく質の関係

たんぱく質を、そのはたらきに則って分類すると、だいたい次の七つに分類することができる。

① 酵素たんぱく質
② 構造たんぱく質
③ 貯蔵たんぱく質
④ 収縮たんぱく質
⑤ 防御たんぱく質
⑥ 調節たんぱく質
⑦ 輸送たんぱく質

前項ですでに、「④収縮たんぱく質」としてアクチンとミオシンを挙げたが、これら分類別たんぱく質のそれぞれについては、これから本書の随所で登場させていく予定である。

では次に、口から体内に入ったたんぱく質がどのようにアミノ酸にまで分解され、そしてアミノ酸からどのようにしてたんぱく質が作られているのかについて、そのあらましをご紹介していくことにしよう。

第二節　栄養素としてのたんぱく質から体を作るたんぱく質へ

ステーキを食べると、口の中で咀嚼(そしゃく)され、細切れになった肉は、ごくんという嚥下(えんげ)の音とともに食道へと導かれ、そのまま胃へと落ちていく。

肉、つまりウシやブタ、ニワトリなどの筋肉に含まれるたんぱく質はまず、この胃の中で「消化」という洗礼を受け、私たちの血となり、肉となっていく。

消化とは、食べた物の中に含まれる栄養素を、私たちの腸が吸収できるような形にまで分解するステップだ。

私たちはいかにして、食物中のたんぱく質を消化していくのだろうか。

たんぱく質は消化され、分解される

たんぱく質は、アミノ酸が一列に並び、それが複雑に折り畳まれてできた大きな分子である。その大きさゆえ、私たちの腸は、このたんぱく質をそのままの形で吸収することができない。どんなに小さなたんぱく質であっても、「たんぱく質」という名前が与えられるということはつまり、役割を果たし得るほどの大きさを持つのである。

そのため、私たち動物は、何種類もの「たんぱく質分解酵素」を胃から小腸にわたって用意して、たんぱく質をできるだけ細かく、最終的には一個のアミノ酸、もしくは数個のアミノ酸からなる小断片になるまで分解する。その上で、小腸の内側に敷き詰められた「吸収上皮細胞」から、体内に吸収するのである（図17）。

たんぱく質の消化に関しては第三章第一節で詳しくご紹介するが、概略だけご紹介しておくと、たんぱく質はまず、胃の中でたんぱく質分解酵素の一種「ペプシン」によって最初のアタックを受ける。胃の中は酸性度が極めて高いので、たんぱく質はそれだけでもある程度の変性を起こすが、そこにペプシンがはたらくことによって、たんぱく質は大まかにぶつ切りとなる。

続く十二指腸で分泌される膵液（すいえき）の中には、これもたんぱく質分解酵素の一種「トリプシン」、「キモトリプシン」、「カルボキシペプチダーゼ」などが存在し、胃で大まかにぶつ切りとなった

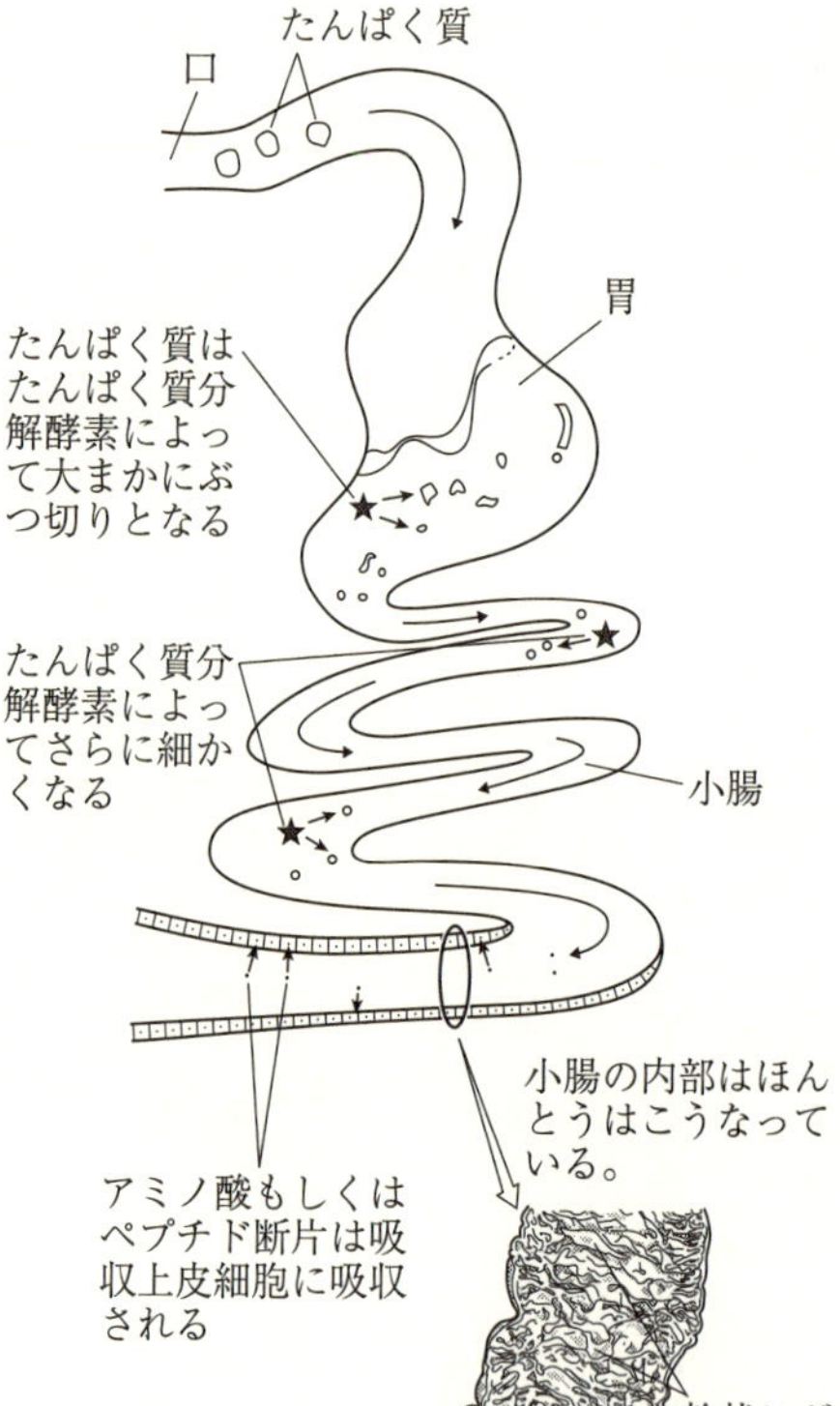
たんぱく質
口
胃
たんぱく質は
たんぱく質分
解酵素によっ
て大まかにぶ
つ切りとなる
たんぱく質分
解酵素によっ
てさらに細か
くなる
小腸
小腸の内部はほん
とうはこうなって
いる。
アミノ酸もしくは
ペプチド断片は吸
収上皮細胞に吸収
される
輪状ヒダ

図17　たんぱく質の消化と吸収（右下図出典：Tortora GJ著『トートラ解剖学』，小澤一史ほか監訳，丸善，2006，793頁）

たんぱく質は小腸を通過する間にさらに細かく分解される。

そうして細かくなったたんぱく質（もはや、ペプチド断片と呼んだ方がいいような状態になっている）は、最後に、吸収上皮細胞の表面の「刷子縁（さっしえん）」と呼ばれるブラシのような「微絨毛」が無数に並んだ側の細胞膜に存在する「ペプチダーゼ」によって、最終的に一個ずつのアミノ酸、

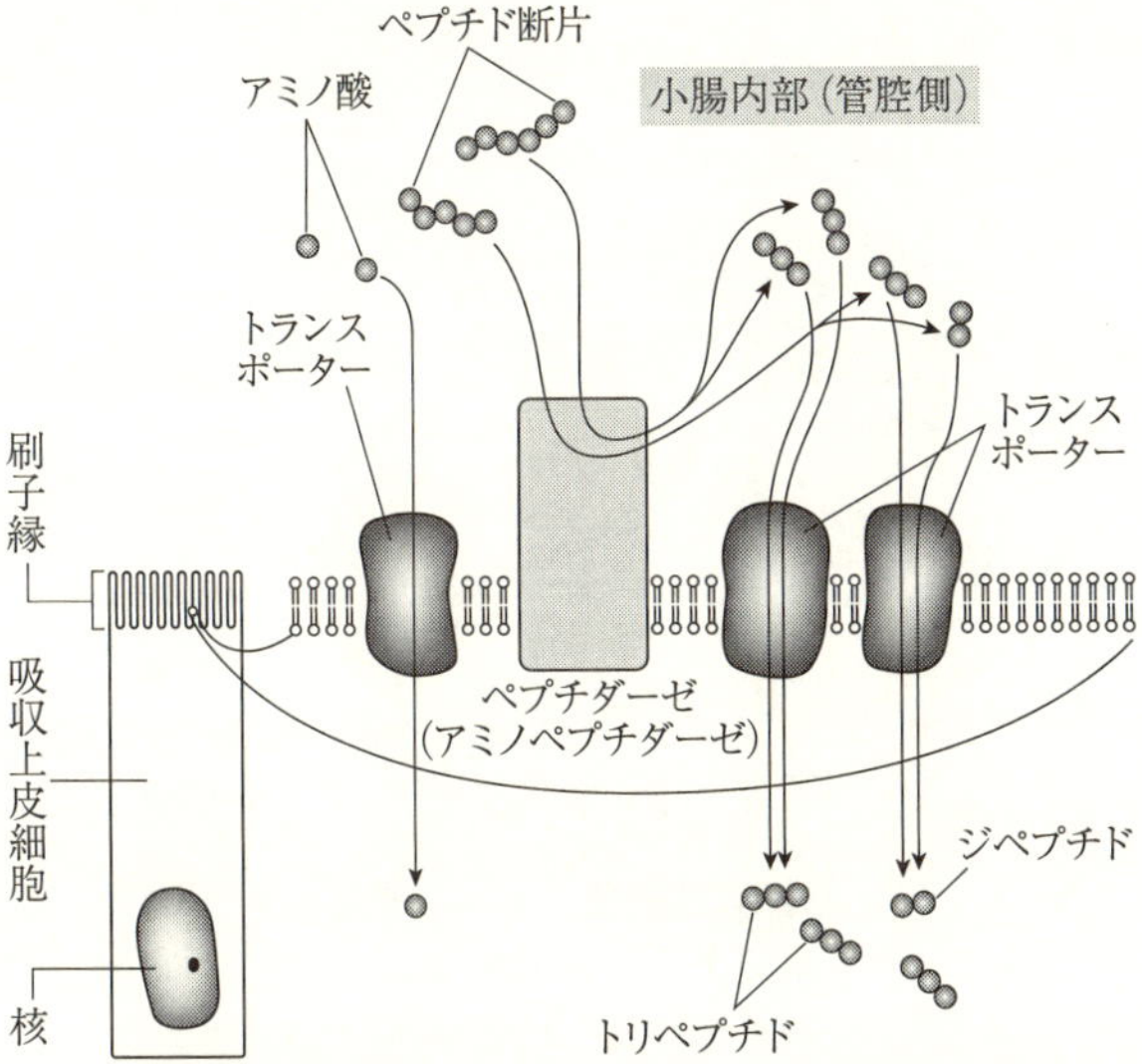
ペプチド断片
アミノ酸
小腸内部（管腔側）
トランスポーター
刷子縁
トランスポーター
吸収上皮細胞
ペプチダーゼ
（アミノペプチダーゼ）
ジペプチド
核
トリペプチド

図18　吸収上皮細胞膜へのアミノ酸、ペプチド断片の吸収。左の吸収上皮細胞の刷子縁の細胞膜部分を拡大したのが右の図である

もしくは二個から三個のアミノ酸がつながった小さなペプチド断片（ジペプチド、トリペプチド）にまで分解される。

こうして分解されたアミノ酸、もしくは小さなペプチド断片は、吸収上皮細胞膜に存在する「輸送担体（トランスポーター）」のはたらきによって、そのまま吸収上皮細胞内部へと、文字どおり「吸収」されていく（図18）。

摂取されたアミノ酸の運命

それでは、吸収上皮細胞を通じて体内に吸収されたアミノ酸は、その後、どのような運命をたどっていくのだろうか？

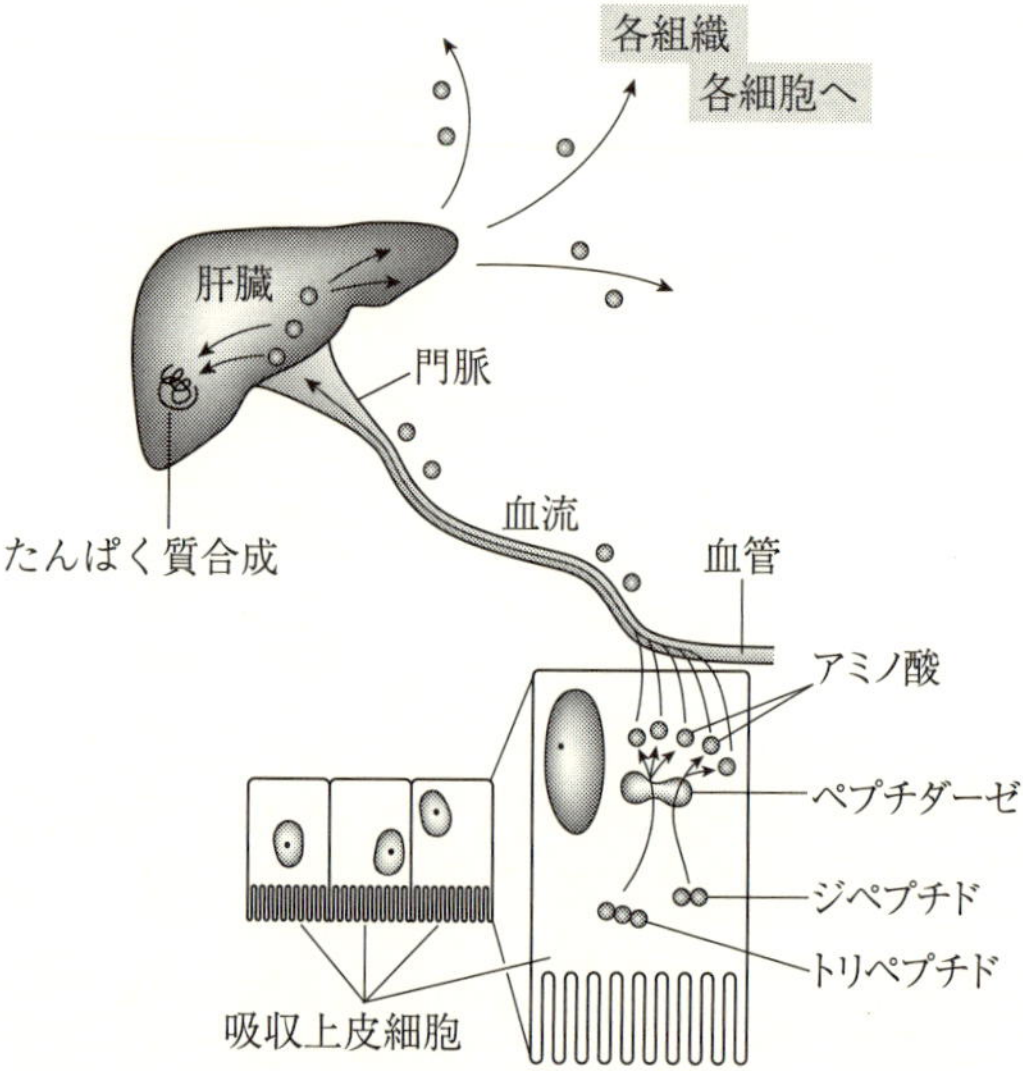

各組織
各細胞へ
肝臓
門脈
たんぱく質合成
血流
血管
アミノ酸
ペプチダーゼ
ジペプチド
トリペプチド
吸収上皮細胞

図19　アミノ酸の行方

まず、アミノ酸はそのままでよいが、ジペプチドやトリペプチドたちは、吸収上皮細胞の中で、細胞膜のそれとは別の「ペプチダーゼ」によって一個一個のアミノ酸にまで分解される。この段階で、かつて栄養素であったころのたんぱく質の痕跡（アミノ酸がペプチド結合でつながっていたという〝記憶〟）は、もはや跡形もなく消え失せる。

こうして吸収されたアミノ酸は、そのまま血流に乗り、門脈を通って肝臓へと運ばれていく。肝臓へ運ばれたアミノ酸の一部は、そこでたんぱく質の合成に用いられるが、残りのアミノ酸は再び血流に乗って、体の各組織、各細胞へと運ばれていくのである（図19）。

アミノ酸プール

栄養素として摂取されたたんぱく質が消化されてできたアミノ酸。私たちの体内ではこのアミノ酸が利用され、たんぱく質が合成される。

正確にいえば、私たちの体内ではこのアミノ酸も利用され、たんぱく質が合成される、という表現の方が正しい。第一章第二節でも述べたように、必須アミノ酸以外のアミノ酸については、私たちは自分の体内で合成することができるからであり、また体内のたんぱく質が分解されて（第三章第五節参照）できたアミノ酸も存在するからである。

私たちの体内には、こうしたさまざまな由来のアミノ酸が、細胞の内外、至るところに存在している。これを「アミノ酸プール」と呼び、このアミノ酸プールのアミノ酸を利用して、私たちはたんぱく質を合成しているのである。

アミノ酸プールには、たんぱく質の材料となる二〇種類のアミノ酸すべてが、それぞれきちんと充足する量だけ貯蔵され、全体としては常に一定に保たれている必要がある。だから、もしも過剰にアミノ酸を摂取したりすれば、それはそのまま代謝され、生じたアンモニアは尿素に変えられて排泄されたり、エネルギー源として使われたりする（図20）。

私たちの体内では、常にたんぱく質が合成され続けている。そのため、もし外部からたんぱく

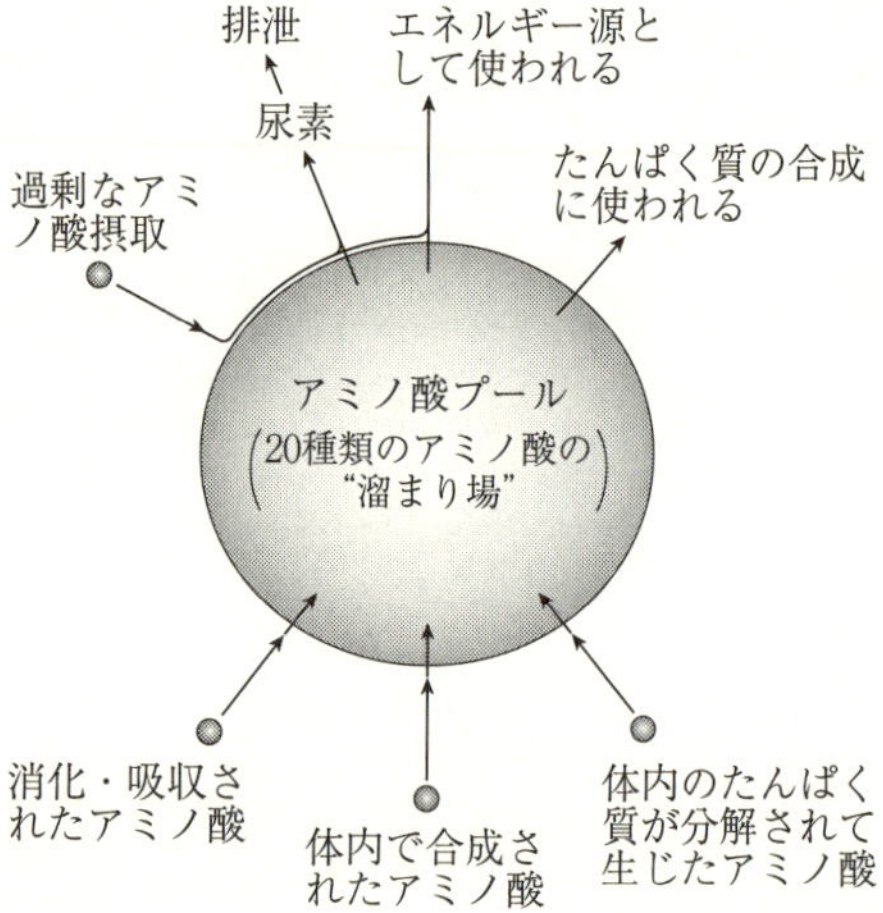
排泄
尿素
エネルギー源として使われる
たんぱく質の合成に使われる
過剰なアミノ酸摂取
アミノ酸プール
（20種類のアミノ酸の“溜まり場”）
消化・吸収されたアミノ酸
体内で合成されたアミノ酸
体内のたんぱく質が分解されて生じたアミノ酸

図20　アミノ酸プール

質を摂取しなければ、たとえ他の供給源があっても、そのままではアミノ酸プールのアミノ酸はやがて減る運命に直面するだろう。

私たちがたんぱく質を栄養素として摂取するのは、アミノ酸プールのアミノ酸の種類と量を一定に保ち、充実させるためでもある。

食べたたんぱく質が消化されてできたアミノ酸が、そのまますぐにでも、たんぱく質合成に使われるわけではない。コラーゲンを食べると、そのまま体内で自分のコラーゲンになると誤解している人がいるが、そうではない。コラーゲンだってたんぱく質だ。胃や腸でアミノ酸にまで分解され、吸収され、かつてコラーゲンだったアミノ酸もやはり、いったんアミノ酸プールの一員となる。アミノ酸にまで分解されてしまうと、かつてそれが、コラーゲンを形成していたかどうかはわからなくなる（ただし、コラーゲンについては第五章でも述べるが、ヒドロキシプロリンという特殊なアミノ酸が含まれている）。

そうしてアミノ酸プールの一員となった後、それぞれのアミノ酸は、次のたんぱく質合成の材料となっていくのである。

再びたんぱく質に組み込まれるアミノ酸

アミノ酸プールのアミノ酸は、たんぱく質の材料となるだけではない。時と場合に応じて別のアミノ酸に変換されたり、エネルギーを取り出すのに利用されたり、脂肪酸（脂肪の主成分）や炭水化物（糖質）の合成に使われたりする。また、そのまま分解されて尿素となり、体外に排泄されたりする。

とはいえ、アミノ酸の主たる使い道は、各細胞、各組織におけるたんぱく質の合成であることは疑いのない事実であろう。

これから新たに合成されるたんぱく質の材料となるべきアミノ酸は、まず、細胞の中で「トランスファーRNA（tRNA：日本語では転移RNAもしくは運搬RNA）」と呼ばれるRNA（リボ核酸）に結合させられる。結合させるのは、「アミノアシルtRNA合成酵素」と呼ばれる酵素である（図21）。

この酵素によってtRNAに結合させられたアミノ酸が、細胞内のたんぱく質合成装置「リボソーム」において、たんぱく質の材料として次々に、ペプチド結合により結びつけられていくの

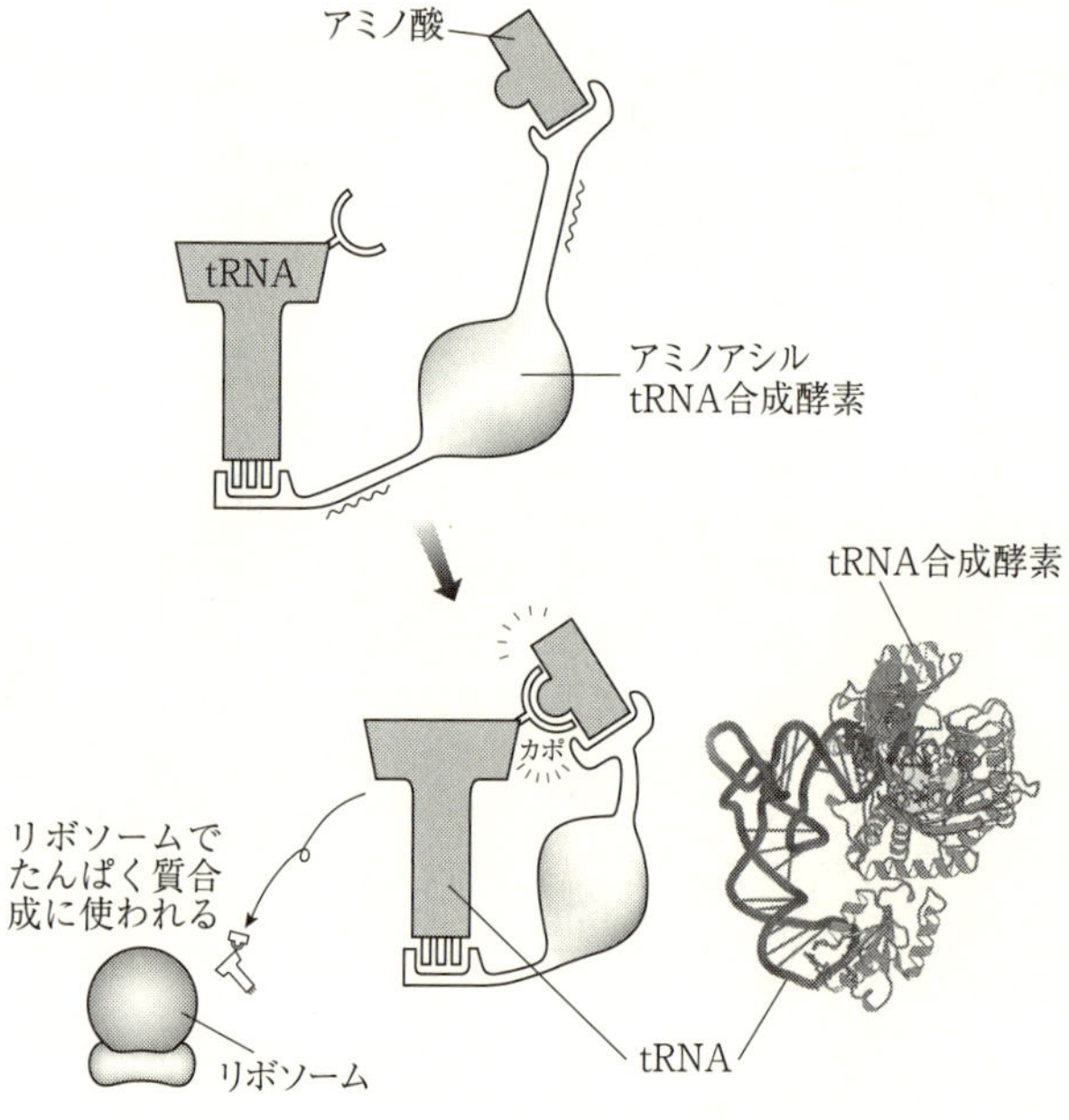
アミノ酸
tRNA
アミノアシル
tRNA合成酵素
tRNA合成酵素
カポ
リボソームで
たんぱく質合
成に使われる
リボソーム
tRNA

図21　アミノアシルtRNA合成酵素（右下図出典：図10と同、ただし851頁）

であるが、これが次節の話題の中心である。

第三節　寝る子は育つ　～遺伝子とたんぱく質の関係～

親から子へ、子から孫へと、何かが伝わっていくことを「遺伝」という。伝わっていくのは「遺伝子」である。

オーストリアの有名な生物学者メンデル（職業的には彼は生物学者ではなく、修道士だった）が「遺伝の法則」を見出して以来、いや正確には、彼の遺伝の法則が、ド＝フリース、コレンス、チェルマクによって〝再発見〟されて以来、遺伝子の本体を突き止めようとする研究が盛んになった。

再発見からすぐ、アメリカの遺伝学者サットンが、遺伝子は染色体の上にあるに違いないとする「染色体説」を発表し、その後、同じくアメリカの生物学者モーガンが、ショウジョウバエを使った実験でその証拠をつかみ、遺伝子が染色体の上に並んで存在していることを証明した。

やがて、この遺伝子が、どうやらたんぱく質の設計図のようなはたらきをしているらしい、ということがわかりはじめ、染色体のしくみと、そこにどのように遺伝子が〝乗っている〟のかを解明することが急務となった。

遺伝子の本体はＤＮＡ

どのような科学の歴史においてもありがちなように、ある一つの学説が定説となっていく過程には、さまざまな紆余曲折がある。

二〇世紀のはじめ、多くの研究者が研究を重ね、遺伝子の本体に迫ろうと努力していた。そうして得られた二つの選択肢が、遺伝子の本体は「ＤＮＡ」か、それとも「たんぱく質」か、というものであった。

現在でも正確に理解されにくい、遺伝子という妙ちくりんな存在に対し、当初は、ノーベル物理学賞受賞者シュレディンガーという〝大物〟までもが片棒を担いだ「遺伝子＝たんぱく質」説が有力とされていたが、一九四四年に、それを覆すきっかけになった実験結果が発表された。

アメリカの細菌学者エイブリー（高校の教科書では「アベリー」と表記されることが多い）とその共同研究者が行った実験では、肺炎双球菌と呼ばれる、その名のとおり肺炎を引き起こす細菌が実験生物として用いられた。この細菌には、肺炎を実際に引き起こす病原性を持ったもの（Ｓ型菌）と、感染しても肺炎を引き起こさない、病原性を持たないもの（Ｒ型菌）の二種類があった。エイブリーは、Ｓ型菌を溶かして得たその内容物の中で、ＤＮＡを分解した場合のみ、

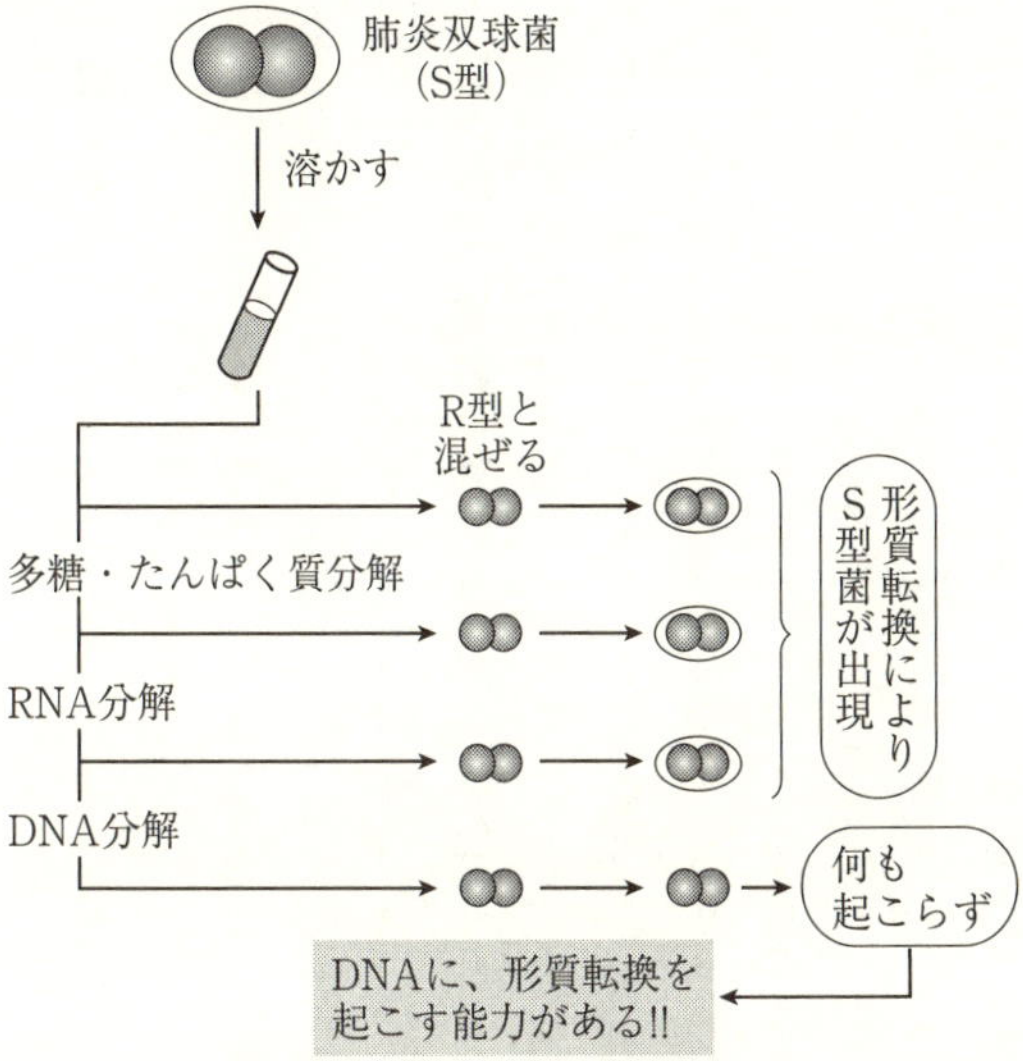
肺炎双球菌
（S型）
溶かす
R型と
混ぜる
多糖・たんぱく質分解
RNA分解
DNA分解
形質転換により
S型菌が出現
何も
起こらず
DNAに、形質転換を
起こす能力がある!!

図22　エイブリー（アベリー）の実験

R型菌をS型菌に変化させる（「形質転換」という）ことができなくなることを発見したのだった。つまり、S型菌の持つ「病原性がある」という「遺伝的性質」は、じつにそのDNAによってもたらされていたことがわかったのである（図22）。

この、「遺伝子の本体＝DNA」を示す世界初となるエイブリーの研究は、八年後の一九五二年に、遺伝学者ハーシーとチェイスによる放射性同位元素を用いたバクテリオファージの遺伝実験によって、世代を通じて受け継がれるのはDNA（と、そこに標識としてつけられた放射性同位元素^{32}P）であり、たんぱく質（と、そこに標識としてつけられた放射性同位元素^{35}S）ではないということが証明されたことを受け、科学者の間で認められた。

遺伝暗号

さて、問題はここからである。

遺伝子の本体はＤＮＡだが、その遺伝子が生物の体にとって重要なはたらきをするのは、あくまでもその遺伝子が「設計図」となっているところのたんぱく質を介してである。

ＤＮＡと、たんぱく質。この両者は、いったいどのようにつながっているのだろうか？

設計図というのは極めて漠然とした言い方である。通常イメージされる、巧妙に描かれた建物や車などの設計図を思い浮かべてみても、それがどうＤＮＡと関係するのかわからないと思う。

ＤＮＡは、「ヌクレオチド」と呼ばれる物質が、多数連なった構造をしている。ＤＮＡを作っているヌクレオチドは、正式には「デオキシリボヌクレオチド」という。いってみれば、ＤＮＡという長いネックレスを作り出す真珠の玉、それがヌクレオチドである。

ヌクレオチドはさらに細かく、「塩基」、「リン酸」、「糖」からできている。

ヌクレオチドの塩基には、Ａ、Ｇ、Ｃ、Ｔという四種類がある。しかし、リン酸と糖は同じだから、結局のところＤＮＡは、「四種類ある塩基が」多数連なった構造をしている、と言い換えることができる。この塩基の連なりのことを「塩基配列」という。

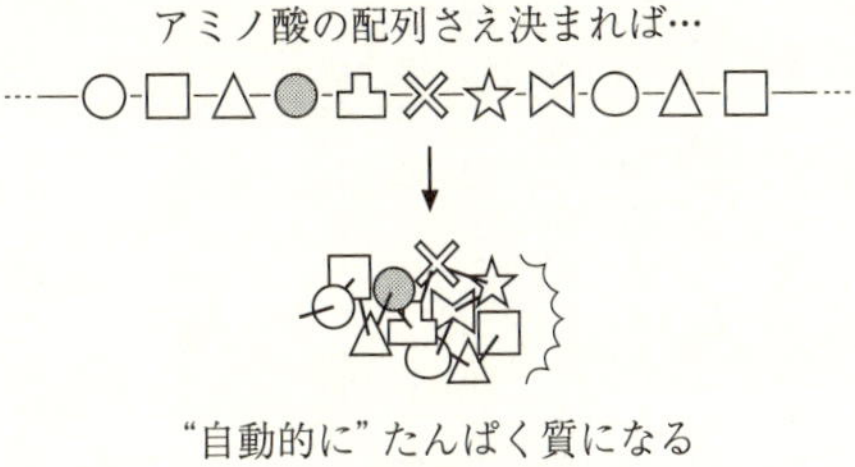
アミノ酸の配列さえ決まれば…
“自動的に”たんぱく質になる

図23　アミノ酸の配列が重要

そして、私たちの細胞の中で、ＤＮＡは、この連なり（ヌクレオチド鎖、もしくはＤＮＡ鎖という）が二本、塩基の相補性に則って（ＡとＴ、ＣとＧが手をつなぐようにして）対合し、二重らせん構造をとっている（図25も参照）。

一方たんぱく質は、「二〇種類あるアミノ酸が」多数連なった構造をしている。

すなわちどちらも、何かが連なった形をしているというところがポイントだ。しかもたんぱく質を設計するためには、アミノ酸をどういう順番でどれだけつなげるかを設計してやれば、あとは自動的にたんぱく質になる（自動的、というのは厳密には正しくない。なぜなら、三次構造が形成されるには、すなわちポリペプチドがたんぱく質になるには、きちんとしたステップが必要だからである。詳しくは本章第四節参照）（図23）。

そう考えると、ＤＮＡがどうやってたんぱく質の「設計図」たるかがよくわかる。

四種類の塩基の並び方が、そのまま二〇種類のアミノ酸の並び方を〝意味する〟ようになればいいというわけである。つまり、前者が後者の「暗号」になればいい。

これを、私たちは「遺伝暗号」と呼ぶのである。

設計図というよりもむしろ、遺伝子はたんぱく質の、いや塩基配列はアミノ酸配列の、じつによくできた「暗号」になっているのである。

四種類で二〇種類を暗号化するには

そうなれば、あとは四種類の塩基が、どういう法則で二〇種類のアミノ酸の暗号として作用しているのかを知ればよい、ということになる。

まず、塩基が一個単独でアミノ酸の暗号となれるかどうか。その場合、塩基自身に四種類しかないわけだから、アミノ酸の方も四種類ということになる。これでは二〇種類のアミノ酸の暗号になるなんてことは、逆立ちしたってできやしない。

次に、二個の塩基がアミノ酸の暗号となれるだろうか。塩基二個の並びには、四×四＝一六、すなわち一六通りのものが存在するから、これならアミノ酸の持つ「二〇種類」に肉薄しているから、もしかしたら暗号になれるかもしれないが、希望的観測が、分子の世界では何の役にも立たないのは道理である。あと四種類足らないというのは命取りだ。これではダメだ。

それなら、塩基三個でアミノ酸の暗号となるしかない！

塩基三個の並びなら、四×四×四＝六四通りのものができるではないか！

アミノ酸の二〇種類より三倍以上多くなったって構うもんか！　とにかくカバーできりゃいいんだ、カバーできりゃあ！

真実はわからないが、とにかくその帰結として、現在の私たち生物が持つ遺伝暗号のシステムが、三つの塩基の並びでアミノ酸一個の暗号になっている、というのは紛れもない事実である。すなわち、塩基の「数」と「並び順」が、アミノ酸の「数」と「並び順」を決めているのである。

ただ実際には、アミノ酸配列の直接の暗号となっているのはＤＮＡではなく、そこから写し取るようにして合成されるＲＮＡ（メッセンジャーＲＮＡ＝ｍＲＮＡ）の塩基配列である。

この、ｍＲＮＡにおいてアミノ酸の暗号になっている三個の塩基の並びのことを「コドン」という。

コドンとは「codon」、すなわち、何かの「暗号になっている」という意味の動詞である「code」（コード）と、「粒子」という意味を表す接尾語「-on」から成る言葉である。粒子などというと、丸っこい形をした何かの物質のようなイメージであるが、この場合は粒子というよりもむしろ、「単位になっている一つのまとまり」といった程度の意味である、とお考えいただくといいだろう。三つの塩基の並びを「トリプレット」と呼び、これが一つのまとまりである「コドン」としてはたらくため、「トリプレット・コドン」とも呼ばれる。

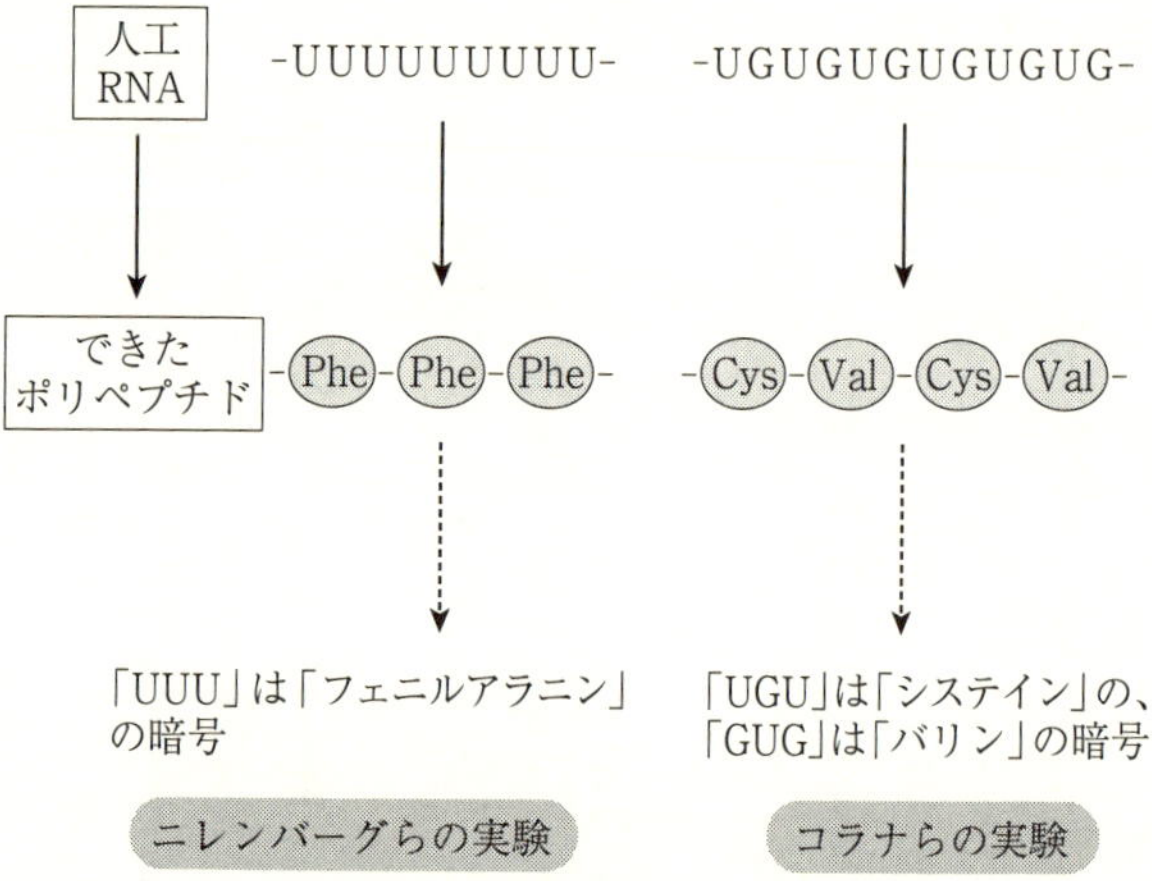
人工
RNA
-UUUUUUUUU-
-UGUGUGUGUG-
できた
ポリペプチド
-Phe-Phe-Phe-
-Cys-Val-Cys-Val-
「UUU」は「フェニルアラニン」の暗号
「UGU」は「システイン」の、「GUG」は「バリン」の暗号
ニレンバーグらの実験
コラナらの実験

図24　ニレンバーグらによる暗号の解読

トリプレットがコドンとしての役割を持つことを証明し、遺伝暗号を解読することに成功したのは、アメリカの分子生物学者ニレンバーグとコラナの研究グループである。

ニレンバーグらは、大腸菌をすりつぶした液に、アミノ酸と、すべてウラシル（U）という塩基（図25も参照）からなるRNAを加え、人工的にポリペプチドを合成させるシステムを作った。すると、できたポリペプチドは、フェニルアラニン（Phe）というアミノ酸のみからできていたことを発見した。つまり、UUU－UUU－UUU→Phe－Phe－Phe というわけである（図24左）。

一方、コラナらは、Uとグアニン（G）が交互につながったRNAを用いると、システイン（Cys）とバリン（Val）が交互につながったポリペプチドができることを発見した。つまり、UG

U－GUG－UGU－GUG→Cys-Val-Cys-Valである（図24右）。

そうして、次々に遺伝暗号が解読されていったのである。

現在の遺伝暗号を一覧にした「遺伝暗号表（コドン表）」を、表2に示した。覚える必要はないが、切って机の前にでも貼っておくと、何かのときに役立つだろう。

遺伝子・DNA・RNA

ある遺伝子があるたんぱく質の設計図となっているとき、その遺伝子は、そのたんぱく質を「コードする」という。

あるいは、あるコドンがあるアミノ酸の遺伝暗号であるというとき、そのコドンはそのアミノ酸を「コードする」という。

たんぱく質は決してあてずっぽうに作られるわけではない。第一章でも述べたように、アミノ酸の配列は、たんぱく質の一次構造と呼ばれることからも明らかなように、それそのものに意味がある。どのアミノ酸がどれだけの数、どういう順番で並んでいるか、それにこそ、最も大切な意味がある。順番なぞどうでもいいようなふうに、好き勝手にアミノ酸がつながれていくわけはない。

先ほども述べたごとく、遺伝子とは、DNAを本体とする「たんぱく質の設計図」である。言

第一文字	第二文字 U	第二文字 C	第二文字 A	第二文字 G	第三文字
U	フェニルアラニン (Phe)	セリン (Ser)	チロシン (Tyr)	システイン (Cys)	U
	フェニルアラニン (Phe)	セリン (Ser)	チロシン (Tyr)	システイン (Cys)	C
	ロイシン (Leu)	セリン (Ser)	終止	終止	A
	ロイシン (Leu)	セリン (Ser)	終止	トリプトファン (Trp)	G
C	ロイシン (Leu)	プロリン (Pro)	ヒスチジン (His)	アルギニン (Arg)	U
	ロイシン (Leu)	プロリン (Pro)	ヒスチジン (His)	アルギニン (Arg)	C
	ロイシン (Leu)	プロリン (Pro)	グルタミン (Gln)	アルギニン (Arg)	A
	ロイシン (Leu)	プロリン (Pro)	グルタミン (Gln)	アルギニン (Arg)	G
A	イソロイシン (Ile)	トレオニン (Thr)	アスパラギン (Asn)	セリン (Ser)	U
	イソロイシン (Ile)	トレオニン (Thr)	アスパラギン (Asn)	セリン (Ser)	C
	イソロイシン (Ile)	トレオニン (Thr)	リジン (Lys)	アルギニン (Arg)	A
	メチオニン (Met)*	トレオニン (Thr)	リジン (Lys)	アルギニン (Arg)	G
G	バリン (Val)	アラニン (Ala)	アスパラギン酸 (Asp)	グリシン (Gly)	U
	バリン (Val)	アラニン (Ala)	アスパラギン酸 (Asp)	グリシン (Gly)	C
	バリン (Val)	アラニン (Ala)	グルタミン酸 (Glu)	グリシン (Gly)	A
	バリン (Val)	アラニン (Ala)	グルタミン酸 (Glu)	グリシン (Gly)	G

*メチオニンのコドンAUGは「開始コドン」にもなる。

表2　遺伝暗号表

い換えれば、どのアミノ酸をどういう順番でつなげるかを、ＤＮＡがその塩基配列の中で「暗号化」したもの、それが遺伝子である。

ただ、ＤＮＡはデンと核の中に居座ったまま動かない。このふんぞり返った長大な物質の中から暗号化された情報を引き出し、たんぱく質を作り出すための「実働部隊」が必要になってくる。

その実働部隊が、「ＲＮＡ」と呼ばれる物質なのである。

ＲＮＡ。リボ核酸（ribonucleic acid）の略称である。ここで、はっと思うわけだ。ＤＮＡ。デオキシリボ核酸（deoxyribonucleic acid）の略称。名前の様子からして、極めてよく似ているではないか、と。

確かに似ている。同じ「核酸」と呼ばれる物質なのだから当然だが、しかし違うところもある。ＲＮＡとＤＮＡでは、ヌクレオチドの成分である「糖」が、リボースであるか（ＲＮＡ）、デオキシリボースであるか（ＤＮＡ）が違うし、使われる塩基も、ＲＮＡではＡ（アデニン）、Ｇ（グアニン）、Ｃ（シトシン）のほかＵ（ウラシル）が使われるのに対し、ＤＮＡではＡ、Ｇ、ＣのほかＴ（チミン）が使われる。また生体内では、ＤＮＡはほぼ例外なく二重らせん構造をとっているのに対し、ＲＮＡはたいていい一本鎖のまま（ただし、そこから複雑な形をとることが多い）でいることが多い（図25）。

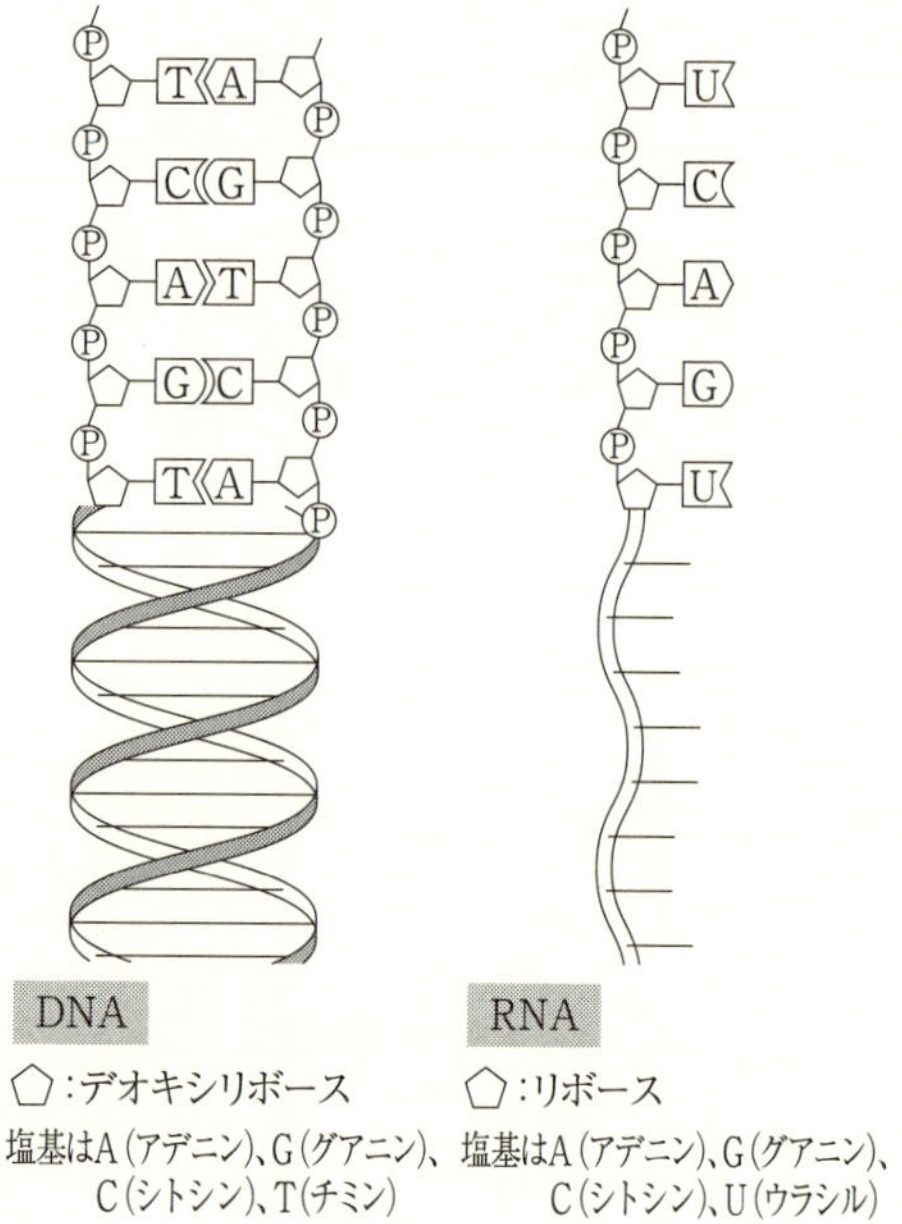
P
T
A
C
G
U
DNA
RNA
⬠：デオキシリボース
⬠：リボース
塩基はA（アデニン）、G（グアニン）、C（シトシン）、T（チミン）
塩基はA（アデニン）、G（グアニン）、C（シトシン）、U（ウラシル）

図25　DNAとRNA

ＤＮＡが遺伝子の本体として〝君臨〟するその横で、ＲＮＡが一生懸命、設計図たる遺伝子から情報を引き出し、たんぱく質を作るのである。

そのしくみにおいて重要な概念は、「転写」と「翻訳」の二つである。

なお、ＲＮＡ自身が何らかのはたらきを持っていて、そのＲＮＡの設計図をも「遺伝子」という場合もあるが、本書では「遺伝子」といえば「たんぱく質」の設計図を指すことをご理解いただきたい。

転写と翻訳

遺伝子からたんぱく質が作られることを遺伝子の「発現」という。そのためにはまず、遺伝子の塩基配列がRNAの塩基配列として「転写」されなければならない。遺伝子部分のDNAが写し取られて、mRNA（75ページ参照）が合成されるのである。

前述したように、DNAは、二本のDNA鎖がお互いにからまって二重らせん構造をとっている。一方の鎖がたんぱく質のアミノ酸配列をコードしている「センス鎖」、もう一方の鎖はそれとは相補的な「裏打ち配列」を持った「アンチセンス鎖」である。

遺伝子の塩基配列が写し取られるために、まずはこのDNAが一本ずつに巻き戻される。巻き戻されたところに、「RNAポリメラーゼ」と呼ばれるたんぱく質が結合し、遺伝子部分の端から順番に、アンチセンス鎖を「鋳型」として、センス鎖の塩基配列をRNAとして再現するかのようにして、mRNAを合成する（図26）。この反応が「転写」である。

「再現するかのように」という言葉の意味は、RNAはDNAとは異なる塩基（Tのかわりに U）を使っているので、遺伝子（センス鎖）の塩基配列が「ATGCGTGCTA」だったとすれば、転写されてできたmRNAの塩基配列は「AUGCGUGCUA」である、ということだ。

こうして合成されたmRNA（正確にいえばmRNA前駆体）は、核の中から細胞質へと運ばれる間にさまざまな処理を受け（RNAプロセッシング）、成熟したmRNAとなっていく。

このmRNAが、細胞質に存在するたんぱく質合成装置リボソームにおいて、たんぱく質を作

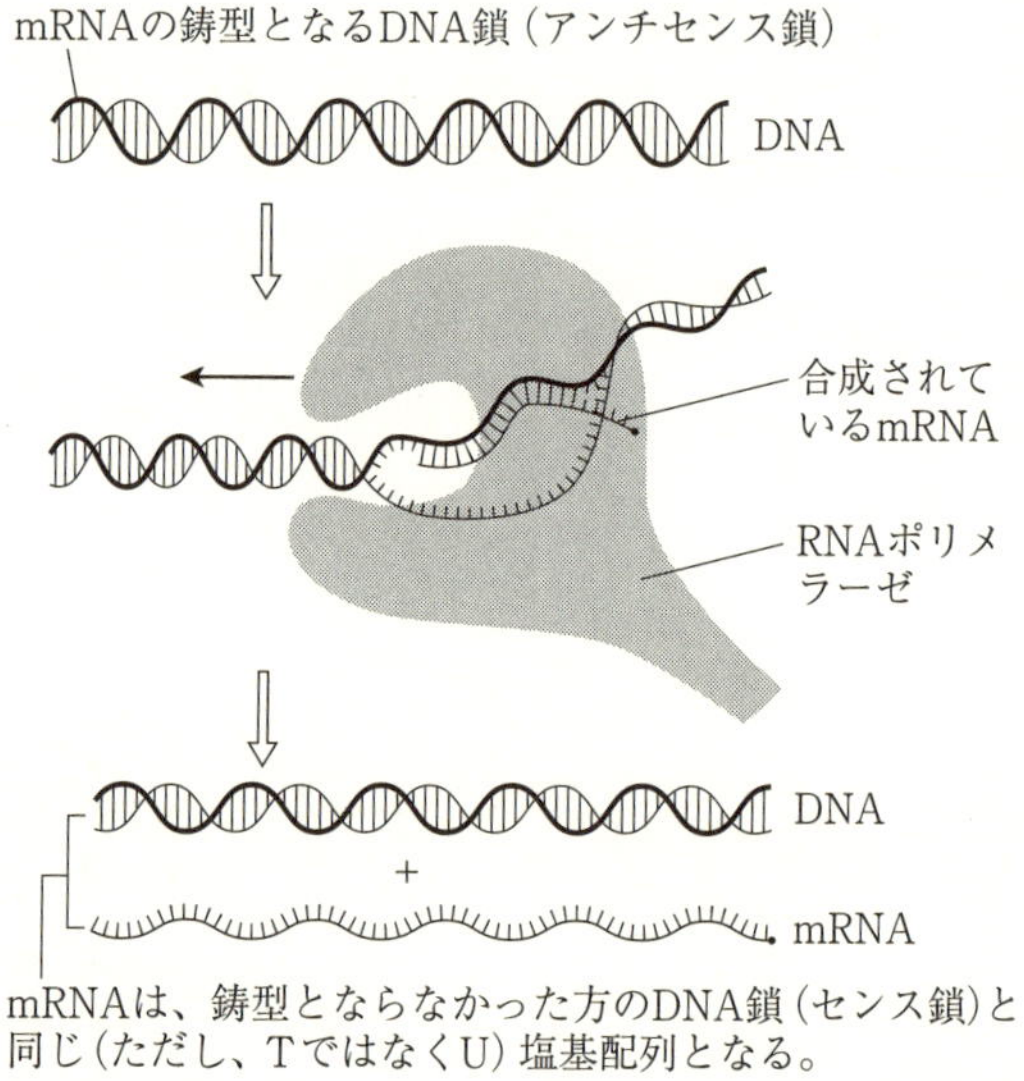
mRNAの鋳型となるDNA鎖（アンチセンス鎖）
DNA
合成されているmRNA
RNAポリメラーゼ
DNA
+
mRNA
mRNAは、鋳型とならなかった方のDNA鎖（センス鎖）と同じ（ただし、TではなくU）塩基配列となる。

図26　転写

るための暗号になり、塩基配列はアミノ酸配列へと変えられる。

この反応が「翻訳」である。

翻訳における〝登場人物〟として欠かせないのが、リボソームとｍＲＮＡ、そして本章第二節の最後（67ページ）に登場した「ｔＲＮＡ」、そして、ｔＲＮＡと結合させられた「アミノ酸」である。

翻訳がうまくいくためには、ｍＲＮＡが持つトリプレット・コドン（以降、コドン）をきちんと順番どおりに読み解いていくしくみが必要であるが、そのために、ｔＲＮＡには、このコドンと相補的に結合することのできるトリプレットとして「アンチコドン」なる塩基配列が存在する。つまり、アミノ酸が一個ずつ結

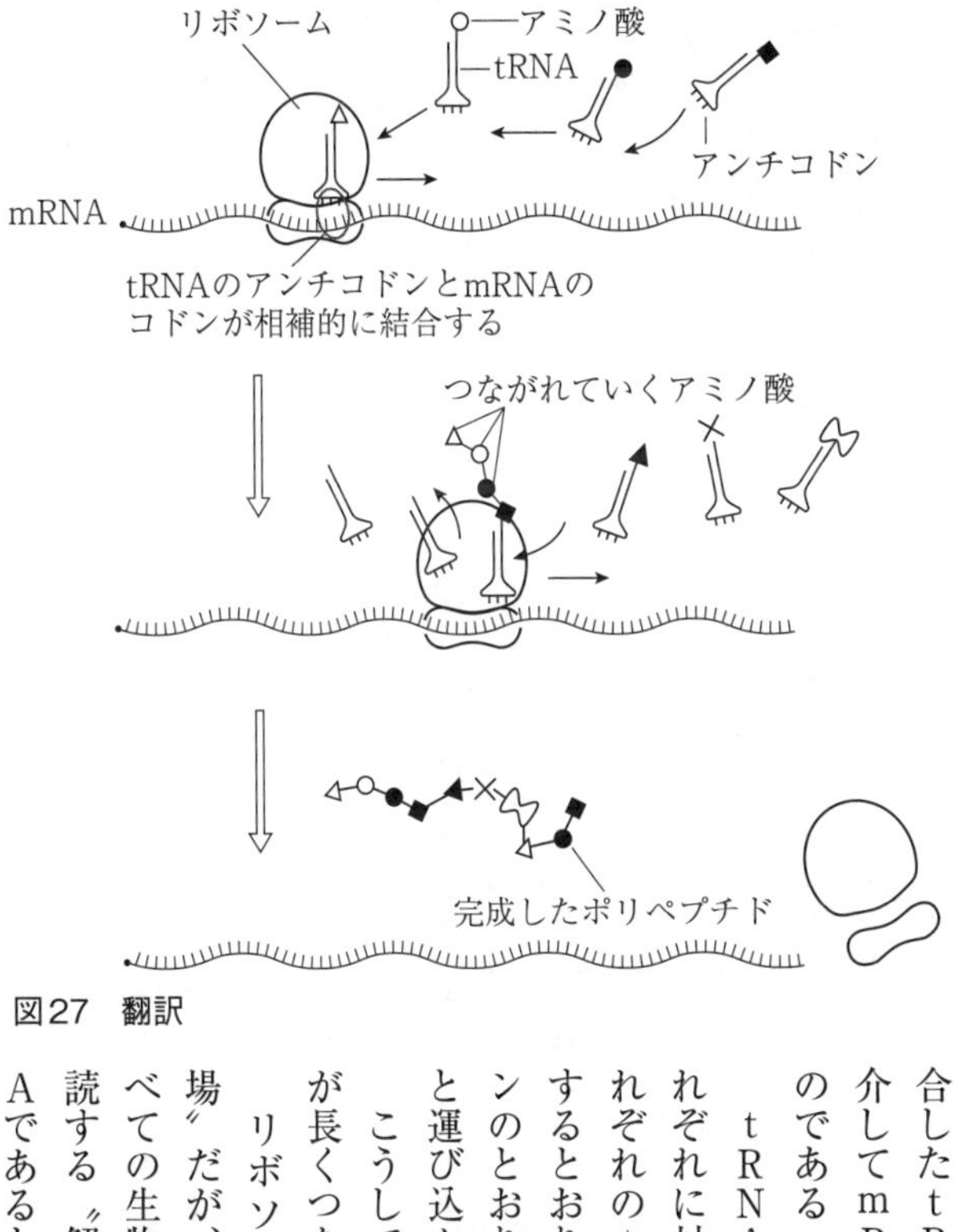
リボソーム
アミノ酸
tRNA
アンチコドン
mRNA
tRNAのアンチコドンとmRNAのコドンが相補的に結合する
つながれていくアミノ酸
完成したポリペプチド

図27　翻訳

合したｔＲＮＡは、アンチコドンを介してｍＲＮＡのコドンと結合するのである（図27）。

ｔＲＮＡには、アミノ酸の暗号それぞれに対応した種類があって、それぞれのｔＲＮＡは、コドンに対応するとおりのアミノ酸を、そのコドンのとおりの順番で、リボソームへと運び込んでいく。

こうして翻訳が行われ、アミノ酸が長くつなげられていくのである。

リボソームは翻訳のための〝工場〟だが、ヒトに限らず、地球上すべての生物に共通する遺伝暗号を解読する〝解読機〟は、むしろｔＲＮＡであるといえる。

転写と翻訳のしくみについてより詳しく知りたい方は、前著『生命のセントラルドグマ』（講談社ブルーバックス）等を参照されたい。

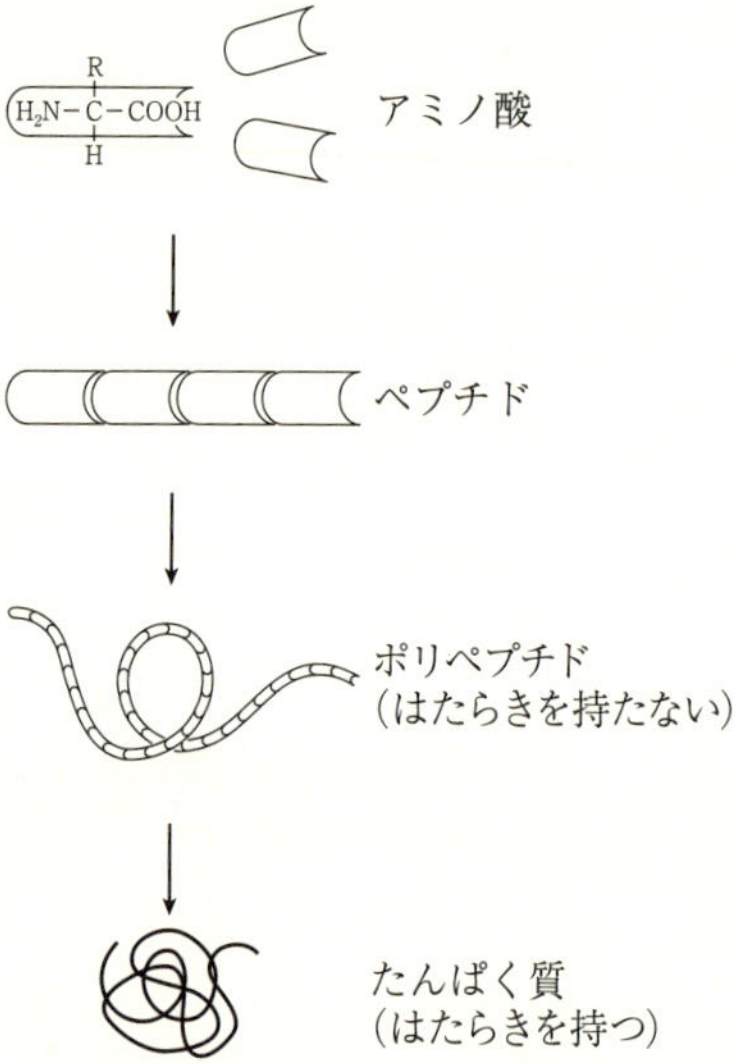

アミノ酸
R
$H_2N-C-COOH$
H
ペプチド
ポリペプチド
（はたらきを持たない）
たんぱく質
（はたらきを持つ）

図28　ペプチド、ポリペプチドとたんぱく質

ポリペプチドの完成

こうして、リボソームにおいて、たくさんのアミノ酸がひとつながりにつながって、たんぱく質のもととなるアミノ酸の鎖「ポリペプチド」が作られる。

ただ、この段階ではポリペプチドは「たんぱく質」ではない。

第一章第三部でも述べたように「ポリペプチド」と「たんぱく質」は同じではない。リボソームでアミノ酸がたくさんつながって「ポリペプチド」になったからといっても、それが適切な状態に折り畳まれて、きちんとした形をとらなければ、たんぱく質としてのはたらきが生まれないのである。

ちなみに、アミノ酸が数個から十数個程度つながった短いものは、単に「ペプチド」という（図28）。

第四節　ポリペプチドはいかにして「たんぱく質」となるか

何度も述べているように、それぞれのたんぱく質にはそのはたらきにふさわしい「形」がある。したがって、合成されたポリペプチドは、その形にきっちりと折り畳まれなければ、たんぱく質としてきちんと〝成熟〟することはできない。

では、できあがったポリペプチドが、自動的にイトミミズのように動き回って、その結果、〝成熟した〟たんぱく質ができるのだろうか。

じつは、一昔前までは、そのように考えられていた。

アミノ酸配列が完成すれば、すなわち一次構造が最初に作られれば、あとは自動的に、ポリペプチドは折り畳まれ（この過程を「フォールディング」という）、きちんとしたはたらきを持つたんぱく質が作られるに違いない、と。

ポリペプチドのフォールディング

このことはまず、一九六〇年代にアメリカの生化学者アンフィンゼンによる、じつに明快な実験によって証明された。

アンフィンゼンは、あるたんぱく質（リボヌクレアーゼAと呼ばれる酵素）を、変性剤である尿素などを加えて変性させ、いわばぎゅーっと引き延ばし、三次構造を壊して一次構造にまでした後に、変性剤を取り除くと、再び元に戻り三次構造が復活することを確かめたのである（図29）。アンフィンゼンはその功績により、一九七二年のノーベル化学賞を受賞した。

そして、このようなたんぱく質の性質、すなわち「たんぱく質の高次構造は、アミノ酸配列である一次構造だけで自動的に決まる」という性質は、今も「アンフィンゼンのドグマ」と呼ばれてたんぱく質化学の底辺で生き続けている。

と、何やらもったいぶった言い方をしているのにはワケがある。

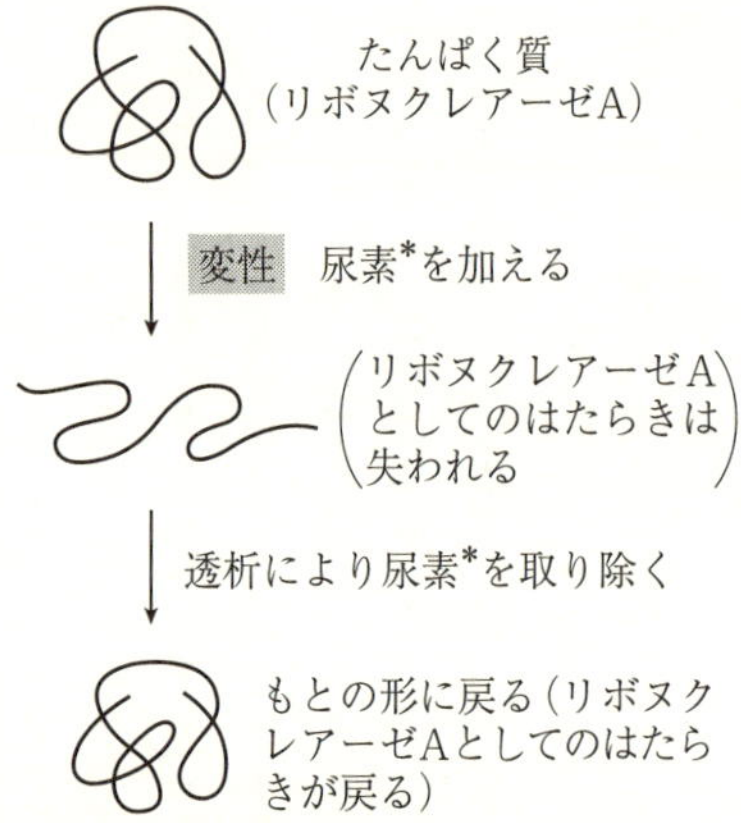
たんぱく質
（リボヌクレアーゼA）
変性　尿素*を加える
（リボヌクレアーゼAとしてのはたらきは失われる）
透析により尿素*を取り除く
もとの形に戻る（リボヌクレアーゼAとしてのはたらきが戻る）

*尿素は、こうしたたんぱく質の変性実験によく用いられる。アンフィンゼンは、尿素のほかにも変性剤を加えているが、ここでは簡略化のため、尿素のみを示した。

図29　アンフィンゼンの実験

というのも現在では、このアンフィンゼンのドグマは一部では正しく、一部ではあてはまらないことがわかってきているからである。

分子シャペロン

ドグマに反する事例が多く知られるようになり、さらに、ある別の〝器械〟が出しゃばってくることがわかってきて、アンフィンゼンのドグマは必ずしも普遍的なものではなくなってきている。

出しゃばってきたのは、フォールディングの手助けをするたんぱく質だ。

いわば、ポリペプチドを〝成熟〟させ、「たんぱく質」にするのに不可欠なたんぱく質ということで、「分子シャペロン」あるいは「シャペロンたんぱく質」という。

奇妙な名前であるが、「シャペロン」というのはフランス語で「介添え役」という意味がある。すなわち、ポリペプチドがうまい具合に「フォールディング」して、きちんとした役割を果たせるようにたんぱく質として成熟するための「介添え役」としてはたらくたんぱく質なのである。

代表的でよく知られた分子シャペロンとして、「GroEL」というシャペロンたんぱく質を紹介しておこう。英語表記のままでは嫌われるので、「グロエル」という愛称で呼ぶことにする（愛称にしては、グロテスクなカエルのようで品はよろしくない。ほんとうは「グロ・イー・エル」と呼ぶ)。

さてこの「グロエル君」は、一種類のサブユニットが七個集まってできた大きなたんぱく質で、面白いことに筒状の構造をしている。つまり、真ん中に空洞があるのだ(図30)。

さらに、この〝筒〟が横向きに、縦に二つつながっているので、グロエル君は合計一四個のサブユニットからできているといえる。丸い生地が七つ、輪になるようにつながったドーナツをイメージしていただければよいが、あのドーナツを横に二つ重ねたような格好だ。

さらに面白いことに、このダブルドーナツには〝フタ〟がある。「GroES」という、やはり七つのサブユニットからなる、やや小さめのドーナツで、これを「グロエス君」と呼ぼう。グロエス君がグロエル君にフタをするようにして、かぶさるのである(図30)。

さて、これからフォールディングされるポリペプチドが、一方のグロエル君の内部に入り込むと、それにグロエス君がフタをする。そして、グロエル君が、自分の中に入り込んだポリペプチドを、まるで胃袋の中で折り紙をするかのように、うまくフォールディングする。

そうしてうまくフォールディングされてできたたんぱく質が、グロエス君のフタがはずれた後、外へ出ていく。

じつはそのときすでに、もう片方のグロエル君のところでは、別のポリペプチドがフォールデ

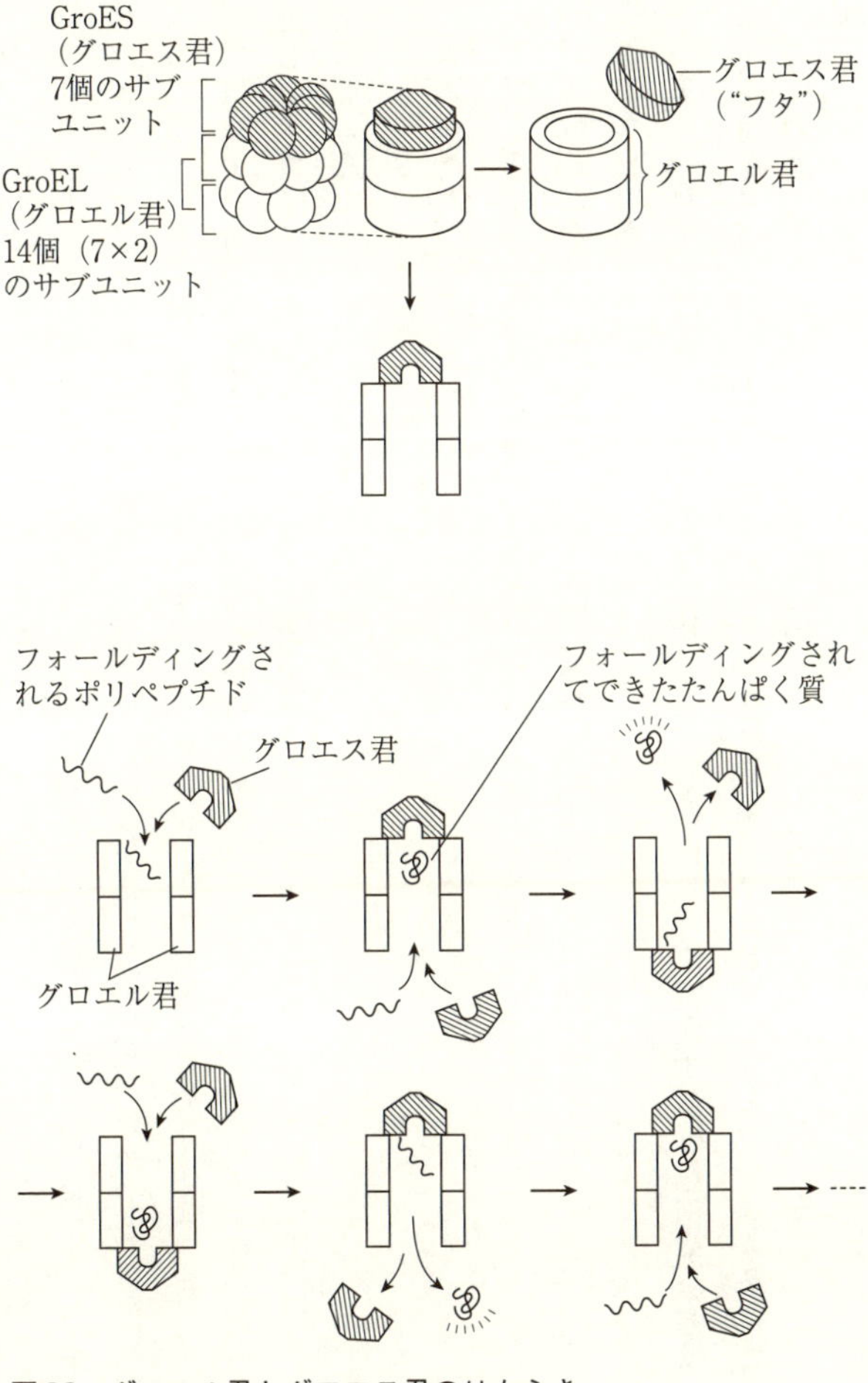
GroES
（グロエス君）
7個のサブユニット
GroEL
（グロエル君）
14個（7×2）
のサブユニット
グロエス君
（“フタ”）
グロエル君
フォールディングされるポリペプチド
グロエス君
フォールディングされてできたたんぱく質
グロエル君

図30　グロエル君とグロエス君のはたらき

ィングされるというステップが進行している。

つまり、二つあるグロエル君が交互に、同じステップを繰り返しながら、次々にポリペプチドのフォールディングを行い、〝成熟〟したたんぱく質を作り続けていたのであった（図30）。

もちろん、たんぱく質のフォールディングの妙は、この程度の文章で表現されるべき単純なものではない。もっと多くの要素が複雑にからみあって、フォールディングが行われている。より詳しいメカニズムを知りたい方は、永田和宏著『タンパク質の一生』（岩波新書）などの成書をご参照いただきたい。

熱ショックたんぱく質

さてここで、たんぱく質は変性する、ということを思い出していただこう。

目玉焼きがなぜできるのかといえば、熱を加えることで卵白に含まれるたんぱく質が変性して固まるからであった。

つまり「熱をかける」というのは生物（第三章第三節でご紹介する好熱細菌などは例外）とそこに含まれるたんぱく質にとっては異常事態であり、きわめてストレスフルなものである。

とはいえ、生物のしくみはじつに巧妙で、〝セーフティーネット〟がいろいろなところにはられている。ほんのちょっとした加熱であれば、たんぱく質の変性と、それによる細胞死を防ぐ手立てというものを用意している、というところが泣ける。

研究の経緯は省略するが、ショウジョウバエという実験生物を用いた研究で、ショウジョウバエに対して「熱ショック」を与える実験により、「熱ショックによって作られるようになるたんぱく質」が存在することが明らかとなった。

それが、熱ショックたんぱく質（heat shock protein：ＨＳＰ）と呼ばれるたんぱく質であり、じつはその役割こそ、先ほどの分子シャペロンにおいてご紹介した「介添え役」なのだ。

熱ショックによって作られるたんぱく質がいったい何をしているのか。まず考えられることは、熱によって変性したたんぱく質を元に戻す、あるいは熱によって変性しないようにたんぱく質を保護する、などの役割である。なにしろ、たんぱく質にとって「熱」といえば「変性」がつきものだからだ。その変性を「防ぐ」ということ以外に、いったいどんな役割があるというのだ。

一方、グロエル君などの分子シャペロンがいったい何をしているのかといえば、リボソームで合成されたポリペプチドをフォールディングさせ、きちんとした正確な形にたんぱく質を成熟させるということだった。

すなわちどちらも、「たんぱく質の形を正常な状態にする」という非常に積極的な役割を持つのである。

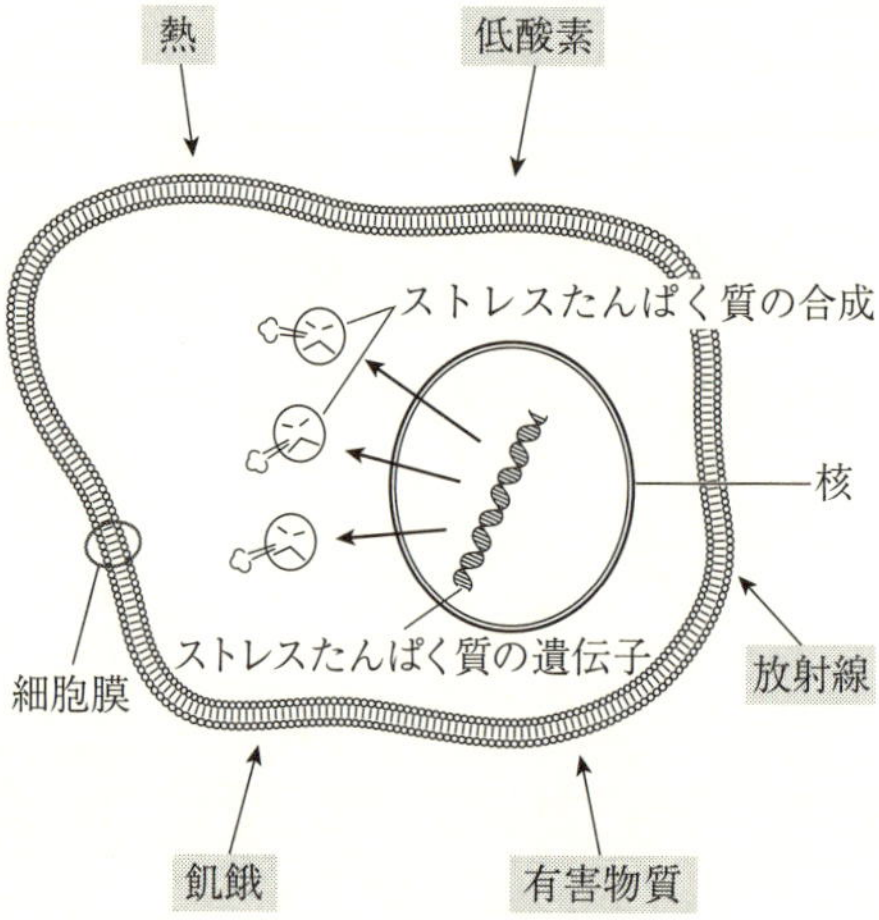
熱
低酸素
ストレスたんぱく質の合成
核
細胞膜
ストレスたんぱく質の遺伝子
放射線
飢餓
有害物質

図31　ストレスたんぱく質の合成

そう。熱ショックたんぱく質は、じつはそれそのものが「分子シャペロン」なのである。

熱ショックたんぱく質は、最初に熱によって作られる（誘導される、という言い方をする）たんぱく質として見つかったからそう呼ばれているのにすぎないのであって、実際には必ずしも熱だけで誘導されるわけではない。

熱以外にも、細胞が低酸素状態に置かれたり、飢餓状態に置かれたり、放射線を受けたり、重金属などの有害物質にさらされたりした場合にも誘導される（図31）。これらはみな、細胞にとってはこの上ない「ストレス」状態だ。このストレス状態を回避するために、細胞はこうしたたんぱく質を作り出し、細胞内のたんぱく質を正常に保とうとするのである。

こうしたことから、熱ショックたんぱく質は現在では「ストレスたんぱく質」と呼ばれることが多い。

いってみれば、細胞がストレスにさらされたときにはたらくものを「ストレスたんぱく質」といい、正常な状態でたんぱく質のフォールディングの介添えをするものを「分子シャペロン」というわけだが、たんぱく質のはたらきとしては同じであると考えていただいて、万端差し支えはあるまい。

さて本章では、たんぱく質がどのようにして、DNAを本体とする遺伝子から作られてくるのかをご紹介してきた。たんぱく質が、DNA→RNA→ポリペプチドの流れで作られ、最後にフォールディングされて作られることがおわかりいただけたと思う。次章では、こうして作られたたんぱく質が実際にどのようにはたらいているのか、そのあらましをご紹介していくことにしよう。

コラム②　あ！　見たことある！　～身の回りのものによく似ているたんぱく質～

「提灯」のようなたんぱく質

下村脩（おさむ）博士のノーベル化学賞受賞で一気に有名になったのはオワンクラゲだが、大切なのは下村博士が、そのオワンクラゲから画期的な一つのたんぱく質を発見したということである。それによって彼はノーベル化学賞を受賞したのだ。

下村博士の発見したたんぱく質は、あとになって、提灯のような形をしたたんぱく質であることが明らかとなる（図32）。

そのたんぱく質を「GFP（green fluorescent protein）：緑色蛍光たんぱく質」という。その名のとおり、緑色の蛍光を発する珍しいたんぱく質だ。

自ら光るということは、夜道を走る自転車の灯火が遠くからでも目立つのと同様に、そのいる場所を常に追跡できるということを意味する。

いる場所がわかる。移動していく道筋が見える。

つまり、このたんぱく質を〝目印〟として自分が研究したいさまざまなたんぱく質にくっつけてやることで、その細胞の中での居場所や、合成されてからそこに移るまでの軌跡などを〝実際

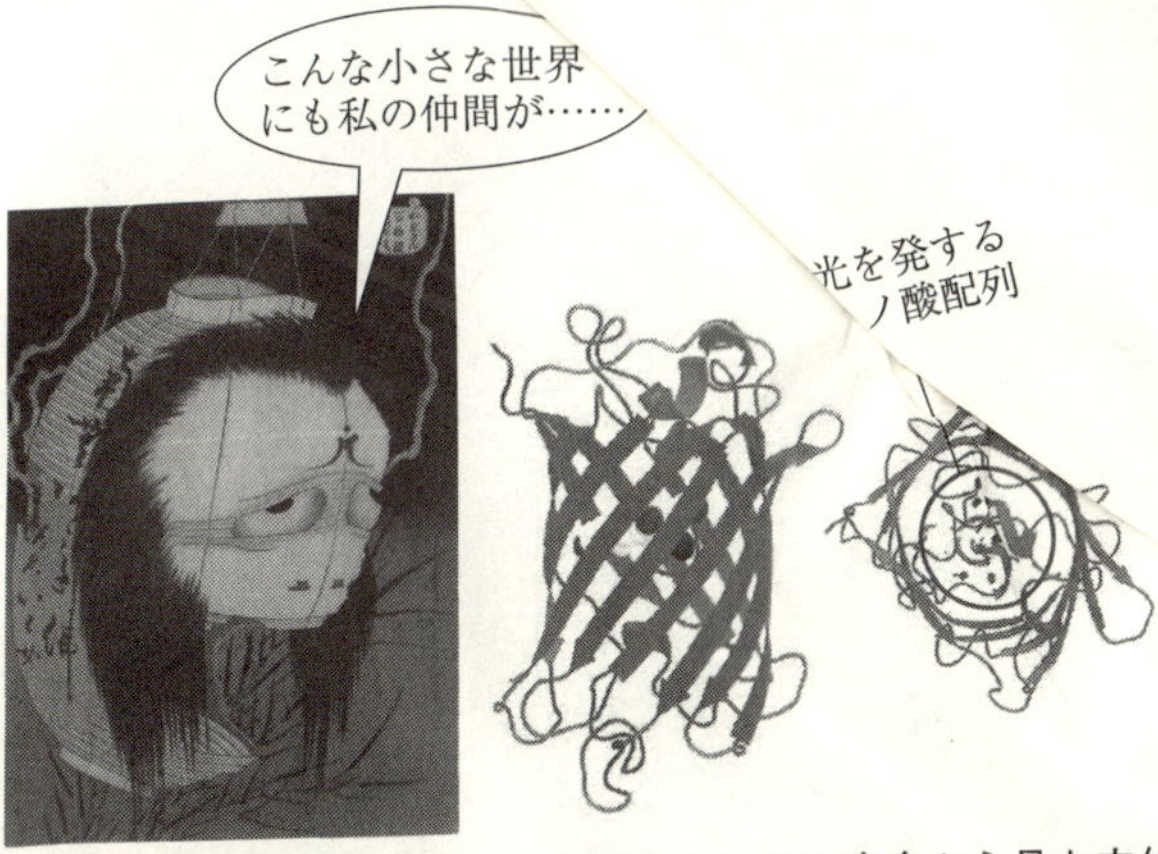
こんな小さな世界
にも私の仲間が……
光を発する
ノ酸配列

図32　「提灯」たんぱく質。右図はGFPを二方向から見た立体構造である。β-ストランドから成る〝筒〟の中に蛍光を発するアミノ酸配列が〝芯〟のように存在している
(左図出典：葛飾北斎『百物語』より「お岩さん」 右図出典：Craggs TD, Green fluorescent protein : structure, folding and chromophore maturation, *Chem. Soc. Rev.* 38, 2865-2875, 2009)

に目で追う〟ことができるのだ。

先ほども述べたように、このGFPの三次構造は、ほんとうに「提灯」のようである。

GFPの形全体は、あたかも提灯の周囲の外層、すなわち和紙の部分のように、真ん中が空洞の筒のような構造をしている。これだけなら単なる筒であって、面白くもなんともないわけだが、ここからがミソである。

GFPという名前のとおり、このたんぱく質は蛍光を発する。その蛍光を発する部分が、たんぱく質のアミノ酸配列の一部である「セリン・チロシン・グリシン」が並んだ部分で、これがちょうど、提灯の芯に位置する蠟燭

の炎と同じような位置にある（図32右）。
まさに「提灯」の名にふさわしいたんぱく質であるといえるだろう。

第三章　たんぱく質のはたらき

～魚を食べる魚がいるのなら、たんぱく質を分解するたんぱく質もいる～

第一節　たんぱく質はたんぱく質を分解する

魚を食べる魚がいる。虫を食べる虫がいる。愛の営みのパートナーであるオスを、まさにその瞬間にさえ、むしゃむしゃ食べてしまうメスがいる。細胞を食べる細胞がいる。そして、人間を食べる人間もいる。仲間であるはずなのに、仲間ではない。たとえ神サマが「キミたちは仲間なのだよ。仲良くしなくちゃいけないよ」と諭しても、それがオイラの生きる世界ヨと居直られれば、神サマとて手出しはできない。

たんぱく質とて、同じことである。

魚を食べる魚がいるのなら、たんぱく質を〝食べる〟たんぱく質もいるのである。

胃袋の中で起こること

口から入った食物が最初に長時間滞留するのは「胃」である。

食物はこの最初の〝関所〟において二〜三時間、小腸への通過を待たされる。

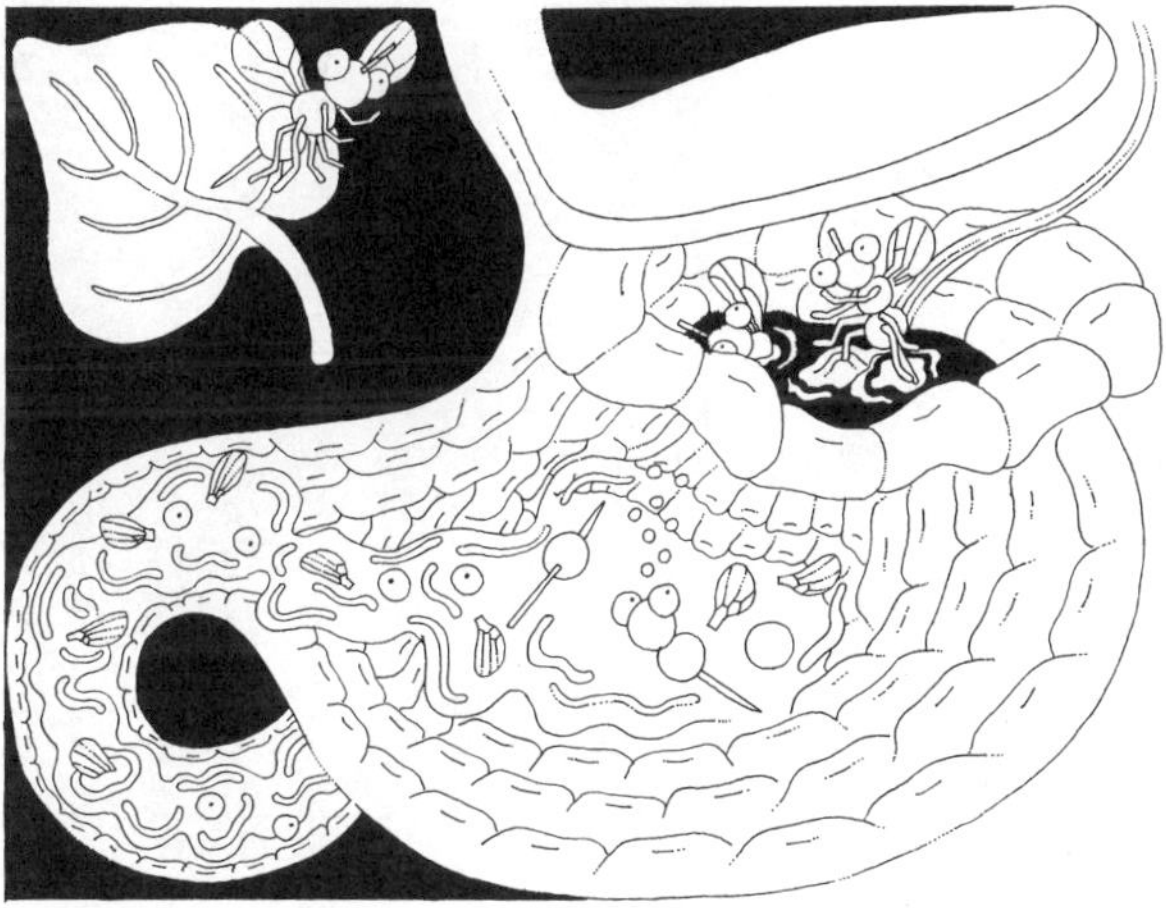

図33　胃の中は酸性

とはいえ、体というのはよくできたもので、胃はただただ食物を待たせるだけではなく、強靱な筋肉による強力な蠕動運動によって食物を適度に胃液と混ぜ合わせ、細かく粉砕するのである。

さらに、胃は精神的な影響を受けやすいデリケートな臓器のくせに、やることは生意気であって、塩酸というトンデモナイ物質を分泌することで、その内容物を強い酸性にしてしまうのであった（図33）。

こうして食物は、塩酸を含む酸性の胃液と混ざることによって、お粥のようにドロドロとした「び粥」となる。いささか汚い話で恐縮だが、簡単にいえば「ゲロ」である。ほぼすべての人が経験済みだろうと思うが、あのゲロの一種独特の「酸っぱさ」は、胃液中に分泌された塩酸、いわゆる「胃酸」に由来する。

では、なぜ胃の中は酸性なのだろうか？　おえーっとなった後、それを見て再び吐き気を催し、その臭いにつられて周囲の人間までも吐き気を催す。そんな世紀末的な場面を、なぜ私たちは経験しなければならないのだろうか？

胃の中には「ペプシン」という「酵素たんぱく質」が、胃の内側の壁に埋め込まれた細胞から分泌される。すでに前章でも紹介したように、ペプシンは、たんぱく質分解酵素の一種である。これがきちんとはたらいて、食物中のたんぱく質をうまく分解するためには、じつは胃の中が酸性であることが条件となる。

さらにまた、胃の中を強い酸性条件下に置くことで、食物に含まれているたんぱく質を「変性」させるという目的もあると考えられている。

ペプシンのはたらき

ペプシンは、ペプシノーゲンと呼ばれる状態で、胃の内側に無数に開いた穴（胃小窩（しょうか））に存在する「主細胞」から分泌されるたんぱく質分解酵素である。ペプシノーゲンは、胃の中に分泌されてから「活性化」され、ペプシンへと変身をとげる。といっても、忍者のように変身するのではなく、単にペプシノーゲンの一部が切り離され、ペプシンとなるのである（図34）。

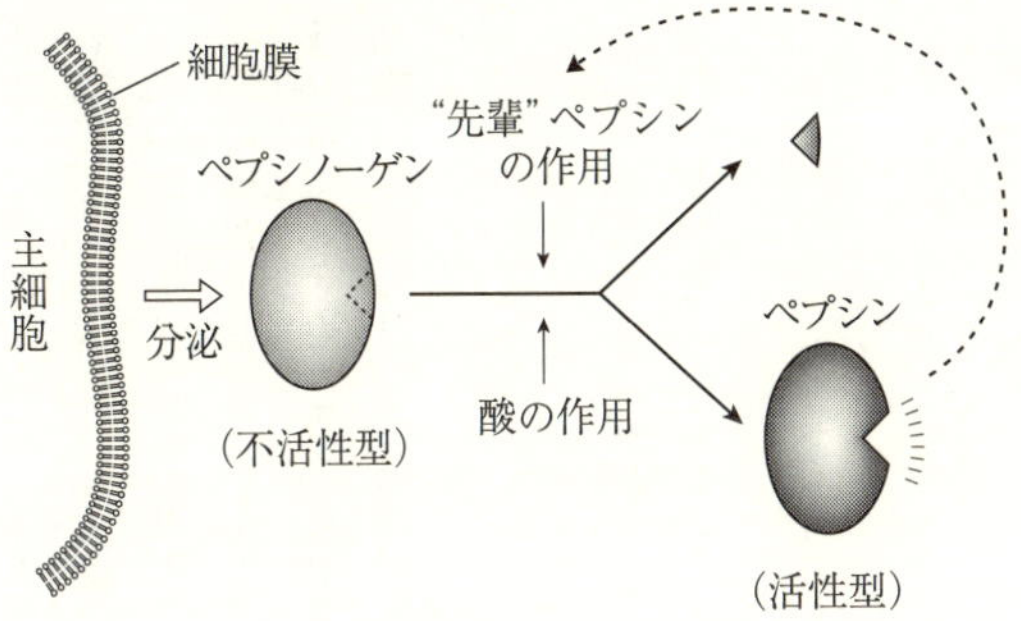
細胞膜
主細胞
分泌
ペプシノーゲン
（不活性型）
“先輩”ペプシン
の作用
酸の作用
ペプシン
（活性型）

図34　ペプシンの活性化

これだけ聞けば、トカゲが敵の攻撃に驚いて、尻尾を切ってささっと逃げるのと同じように感じるかもしれないが、ことはそれほど単純ではない。

ペプシンはたんぱく質を分解するのだ。胃の壁の細胞も、いってみればたんぱく質の塊のようなものだから、もし最初から〝ペプシン〟の状態で分泌されようものなら、その瞬間から、胃の細胞自身がぶくぶくと消化されてしまうではないか。

それを防ぐために、最初はペプシノーゲンという不活性な（酵素としてのはたらきがまだない）状態で分泌されるのであろう。そして、胃の中の酸性の「ゲロ」にさらされたときはじめて、酸の影響による「自己消化」により、自分自身の余計な部分が切断され、あるいは先輩としてはたらいていたペプシンによって余計な部分が切断され、そうしてはじめて「活性化」されて、ペプシンとしてはたらきはじめるのであろう（図34）。ところがである。

ペプシン自身もたんぱく質だ。ペプシンは、ペプシン自身を分解してしまわないのだろうか？たとえ、自分自身は分解しなくても、あたかも飢餓状態に陥ったコオロギの集団のように、共食いよろしく、隣にいる仲間同士で分解し合うといった事態が起こったりはしないのだろうか？

じつは、ペプシン自身も、ペプシンによってある程度は分解されてしまうらしい。ただ、ペプシンの場合、通常のたんぱく質では分子の内側に入り込んでしまうような、疎水性アミノ酸部分を切断することが多いと考えられている。そのため、胃酸や調理における加熱の影響で変性した食物中のたんぱく質は分解しても、そうした疎水性アミノ酸が分子内に〝かくまわれている〟ペプシン自身に対しては、それほど影響がないとも考えられる。

よしんばペプシンがペプシンによって分解されていったとしても、ペプシンはペプシノーゲンとしてどんどん分泌され、食物が胃内に存在していれば次々に補充されていくと思われるので、それほど問題にならないのかもしれない。

黄色いペンキ

さて、ペプシンによる分解の洗礼を受けた食物の塊（び粥）は、胃の出口に設けられた肉質のゲート（幽門）が開くと、そこから次に控える小腸へと流れ込んでいく。

小腸のうち、幽門直後の最も胃に近い部分を「十二指腸」という。指を一二本ほど横に並べた程度（二〇センチメートル程度）の長さであることからその名が付いた、ということはよく知られている。

この部分をび粥が通り過ぎるとき、またしても劇的な変化が起きる。

十二指腸には、膵臓（すいぞう）から分泌される「膵液」と、肝臓から分泌され、胆嚢（たんのう）に貯蔵されていた「胆汁」の両方が出てくる穴がある。

び粥は、十二指腸を通過する際、いきなりそれをぶっかけられ、〝膵液・胆汁まみれ〟になる。あたかも巨大プールにあるウォーター・スライダーを気持ちよくすべっているとき、いきなり横の穴から真っ赤なペンキの液体が吹きつけられるがごとくだ。

もちろんこれらの液は赤くはない。ペンキというのは単なるたとえだ。実際は少なくとも胆汁の方には色がついていて、赤ではなく「黄色（正確には黄金色、黄褐色のようで、緑色が混ざることもある。何というか、複雑な濃い黄色）」らしい（これこそ、ウンチの元になる色だ）。

それでは、び粥が「黄色まみれ」になるのには（だんだん表現もキタナラシクなってきたが）、どのような意味があるのだろうか。

トリプシンによるたんぱく質の分解

胆汁は中性であるが、ナトリウムイオンやカリウムイオン、カルシウムイオンなど、プラスの

不活性型（分泌される時）	→	活性型
キモトリプシノーゲン		キモトリプシン
トリプシノーゲン		トリプシン
プロカルボキシペプチダーゼ		カルボキシペプチダーゼ
プロエラスターゼ		エラスターゼ

表3　膵液中のたんぱく質分解酵素

電荷を帯びた陽イオンが豊富に含まれている。

なにせ、幽門を通り抜けてきたび粥は、それこそ「胃酸まみれ」であったから、強烈な酸性を帯びている。そのままでは、胃のような粘液のバリアがない小腸は、胃酸によってただれてしまう。だから私たちの体は、陽イオンが豊富に含まれる胆汁を分泌し、び粥を中和することで、そうした事態を防いでいるのである。

さらに、膵液にはまたしても「たんぱく質分解酵素」が含まれている。ただし、ペプシンではなく、「トリプシン」、「キモトリプシン」といった別のたんぱく質分解酵素である（表3）。

正確にいうと、トリプシンやキモトリプシンも、まずはトリプシノーゲン、キモトリプシノーゲンといった「不活性型」として分泌される。トリプシノーゲンは、十二指腸の細胞から分泌される「エンテロペプチダーゼ」によって活性化されてトリプシンとなり、このトリプシンが、膵液中に含まれるキモトリプシノーゲンなどを活性化して、活性型のキモトリプシンなどを作り出す（図35）。

じつはこれら膵液中のたんぱく質分解酵素（もちろん、彼ら自身もたんぱく質）は、中性付近

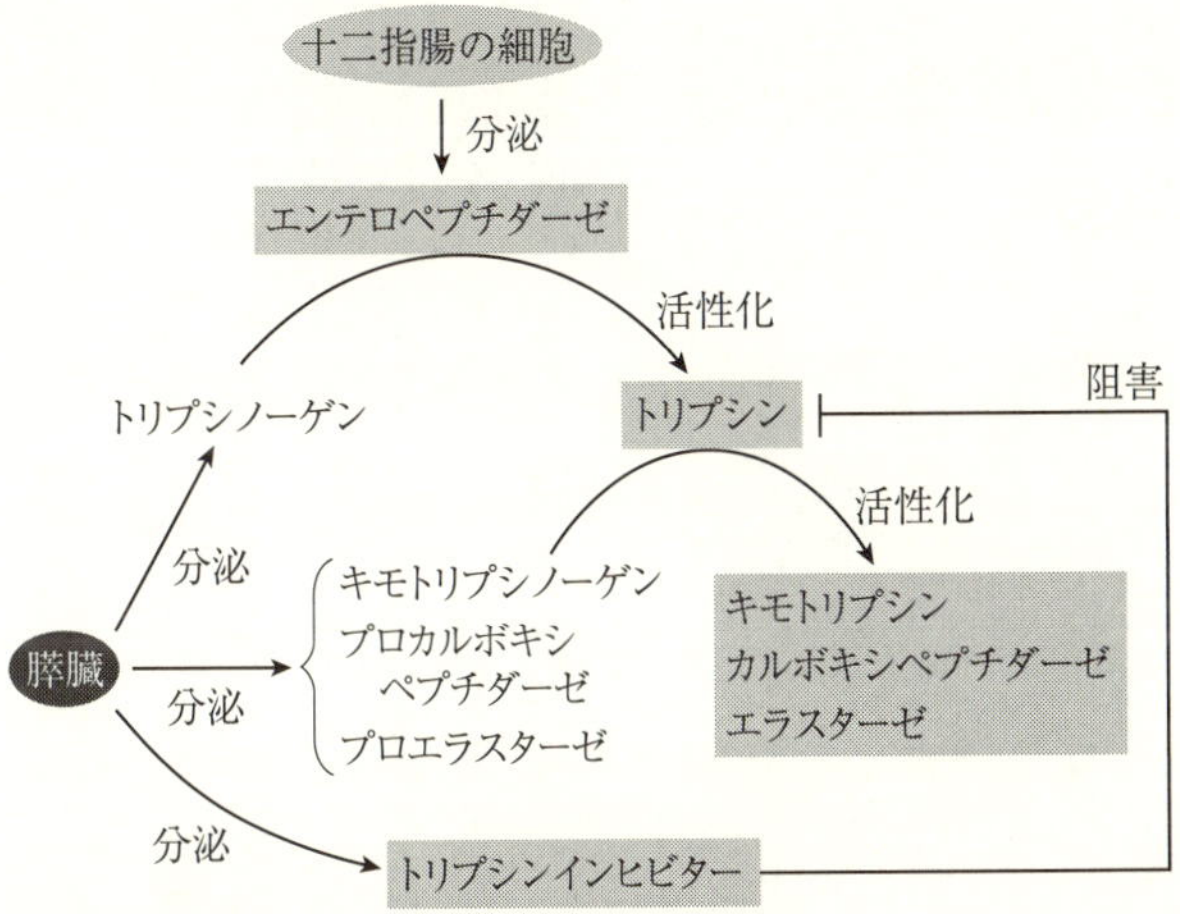
十二指腸の細胞
分泌
エンテロペプチダーゼ
活性化
トリプシノーゲン
トリプシン
阻害
活性化
分泌
キモトリプシノーゲン
プロカルボキシ
ペプチダーゼ
プロエラスターゼ
キモトリプシン
カルボキシペプチダーゼ
エラスターゼ
膵臓
分泌
分泌
トリプシンインヒビター

図35　膵液中のたんぱく質分解酵素の活性化

でなくてははたらかない。だから、胃の直下にある十二指腸において、び粥のpHを、中性付近にしておかなければならないのである（もちろん、どちらが原因でどちらが結果なのかはわからないが）。

ちなみに、膵液中にはトリプシンを阻害する「トリプシンインヒビター」も含まれている（インヒビターとは〈阻害するもの〉という意味）。これが、トリプシンのはたらきを抑え、過剰な消化を防いでいるらしい（図35）。

こうしてさまざまなたんぱく質分解酵素によって処理された食品中のたんぱく質は、アミノ酸やジペプチドなどにまで分解され、やがて小腸の吸収上皮細胞から体内へと吸収されていくのである（第二章第二節参照）。

酵素とは何か

酵素（enzyme）とは、化学反応の触媒の役割を持つ物質で、「生体触媒」などとも呼ばれる。そして、酵素としてはたらく物質のほとんどはたんぱく質である。

じつはRNAの中にも酵素としてのはたらきを持つものがいるため、本書ではこれ以降、酵素としてはたらくたんぱく質を「酵素たんぱく質」と呼ぶことにする。第二章第一節でご紹介したたんぱく質の分類の一つ、「①酵素たんぱく質」である。

生体内では数多くの化学反応が起こっている。一つの化学反応にはほぼ例外なく、酵素たんぱく質による触媒作用が認められるので、化学反応の数だけ酵素たんぱく質の種類がある、と考えてよい（図36）。

したがって、すべてのたんぱく質の中で酵素たんぱく質は非常に多くのウェイトを占めており、全たんぱく質の半数は酵素たんぱく質であると考えられている。

例を挙げると、消化関係では、でんぷんを分解するアミラーゼ、たんぱく質を分解するペプシン、トリプシン、脂質を分解するリパーゼ、核酸を分解するヌクレアーゼなど。

細胞の増殖に関わるものでは、DNAを複製するDNAポリメラーゼ、RNAを合成するRNAポリメラーゼ、たんぱく質のリン酸化を行うキナーゼなど。

物質代謝の関係では、ATPを合成するATP合成酵素（コラム①参照）、ATPを分解してエネルギーを取り出すATPアーゼ、グルコースからATPが作られる一連の反応（クエン酸回路など）にかかわるピルビン酸脱水素酵素、アコニターゼ、フマラーゼなど。それこそ数え上げればきりがない。ちなみに、酵素たんぱく質の名前は「……アーゼ（～ase）」で終わるものが多い。

これまで見てきたように、食物のたんぱく質を消化するのもまた酵素たんぱく質である。化学反応を触媒するはたらきを持ち、その進行にはなくてはならないもの。もし消化酵素が存在しなければ、私たちは食べ物を食べることすらできなくなる。

そして、消化され、吸収された栄養分が体内でさまざまな代謝を受け、細胞の活動のためのエネルギーとなったり、体を形作るさまざまな物質を作り出したりする、そのそれぞれのステップごとに、じつに多種多様な酵素たんぱく質がはたらいているのである。

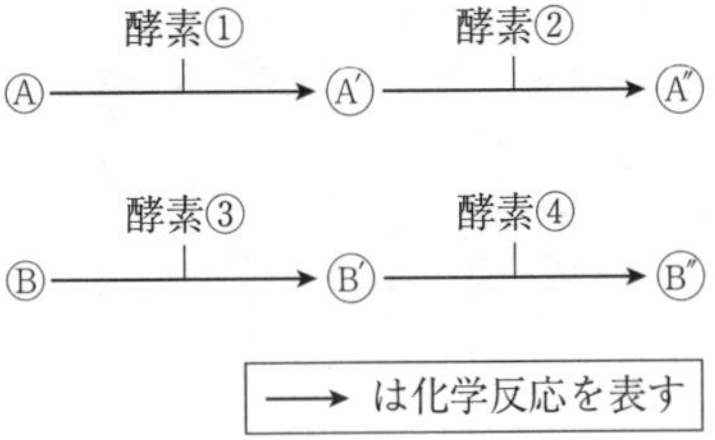
酵素①
酵素②
Ⓐ
Ⓐ′
Ⓐ″
酵素③
酵素④
Ⓑ
Ⓑ′
Ⓑ″
→ は化学反応を表す

図36　化学反応の数だけ酵素たんぱく質（図中では「酵素」）は用意されている

酵素たんぱく質の種類とEC番号

すでに述べたように、私たちヒトのたんぱく質の総種類数は一〇万以上あり、そのじつに半数は酵素たんぱく質であると考えられている。

ここで、数えきれないくらいたくさんある酵素たんぱく質を、次の六つのグループに分けてみよう。むろん、「分けてみよう」などと述べたが、べつに本書のオリジナルというわけではなく、国際的な委員会で決められる、きちんとした分類である。

現在、酵素たんぱく質は次の六種類に大別されている。

① 酸化還元酵素
② 転移酵素
③ 加水分解酵素（ほとんどの場合、消化酵素はこれに含まれる）
④ 除去付加酵素
⑤ 異性化酵素
⑥ 合成酵素

新しく発見された酵素たんぱく質の命名や分類は、国際生化学分子生物学連合（ＩＵＢＭＢ）の酵素委員会（Enzyme Commission）が定めた規則に則って分類、命名されるが、このとき、各酵素たんぱく質にEC番号と呼ばれる番号がつけられる決まりになっている。EC番号とは、すなわち「Enzyme Commission Number」である。

EC番号は、EC 1.2.3.4 という具合に、四つの数字からなる。

最初の数字は、右の六つの大分類のどれに該当するかを示している。すなわち、EC 1.X.X.X は酸化還元酵素、EC 2.X.X.X は転移酵素、EC 3.X.X.X は加水分解酵素、EC 4.X.X.X は脱離酵素、EC 5.X.X.X は異性化酵素、そして EC 6.X.X.X は合成酵素である、という具合である。

酵素たんぱく質と基質

さて、多くの場合において、生化学がいちばんイヤになるのがこの酵素たんぱく質と基質との関係、反応生成物との関係を学習するときであり、ややこしい反応式が出てくるところである(これはわが経験から、ほぼ確信を持っていえる)。

だから、少なくとも本書の読者諸賢には、そうした思いだけはさせたくない。そこで、ここでは反応式は一切登場させずに、酵素反応の基本中の基本についてご紹介することを試みたい。

さて、酵素たんぱく質とは、化学反応の触媒としてはたらくたんぱく質であるということは、これまで何度も申し上げてきたとおりである。

超能力者ではないので、離れた場所から遠隔操作を行うなどという芸当は酵素たんぱく質には

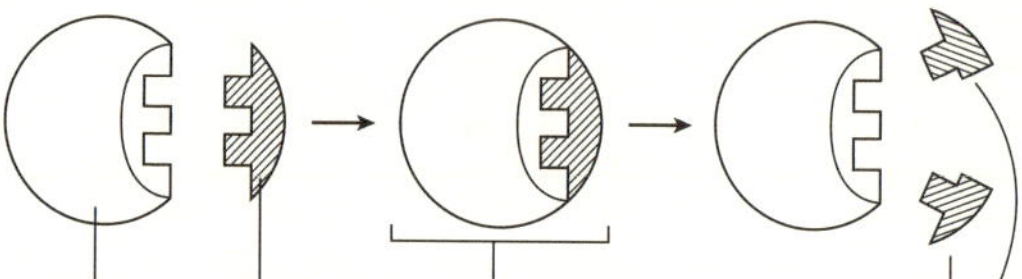
酵素
たんぱく質
基質
酵素－基質複合体
反応
生成物

図37　酵素たんぱく質と基質

できない。どうしても、化学反応の主役たる物質と「結合」する必要がある。

このような、触媒作用を発揮するにあたって酵素たんぱく質が最初に結合する物質のことを「基質」という。そして、酵素－基質複合体を経由して、基質は触媒作用を受け、「反応生成物」となる（図37）。これが酵素たんぱく質のはたらきの基本である。

基質特異性

宅配業者というのは、客のために〝何かをどこかに運ぶ〟サービスを提供しているが、〝何をどこに運ぶか〟によって、そのサービスの内容は異なる。

たとえば某宅配業者によるメール便は、封書などの小さなものを届けるサービスである。小包や段ボール箱などを運ぶのが、普通の宅配便であり、より大きな荷物を運ぶのが「家財ナントカ便」、そして、家財道具一式をすべて運ぶのが、「ナントカ引っ越し便」である、という具合だ。目的、用途に応じてさまざまなサービスがあるこの状態で、引っ越し便のシステムを使って封書を届けたい、などという客はいないだろう。ちょっとぐらい融通をきかせてくれよと思わないでもない場合もあるが、いずれにしても用途に応じて、どういうサービスを提供するかはほぼ決まっている。

たんぱく質も同じである。どういうはたらきをするかは、たんぱく質によって決まっている。すなわち、酵素たんぱく質は、たいていそのくっつくべき基質の種類が決まっている。決して浮気をしない理想的な夫であるかのように振る舞うのである。このような酵素たんぱく質の〝模範的性質〟のことを「基質特異性」という（図38）。

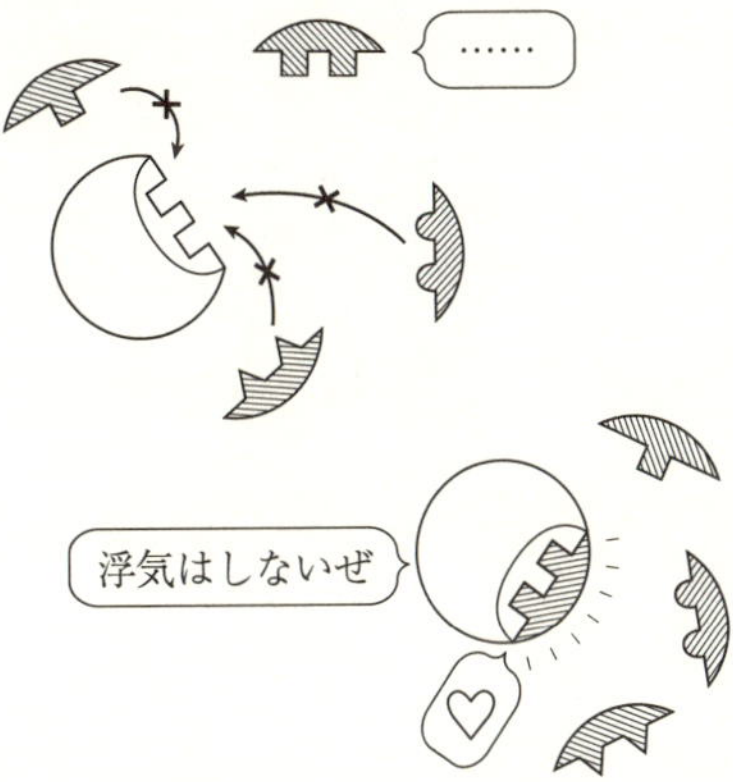
……
浮気はしないぜ
図38　基質特異性

一例を挙げれば、でんぷんを分解して麦芽糖などを作る「アミラーゼ」（唾液や膵液に含まれる）の基質は、その役割のとおり「でんぷん」なのであって、決して脂肪ではない。胃液中に分泌されるたんぱく質分解酵素ペプシンの基質は、その名が如実に表しているとおり「たんぱく質」なのであって、決して「でんぷん」ではない。

さらに、あるたんぱく質分解酵素Aは決まったアミノ酸Bの右隣りしか切断しないといったように、もっと細

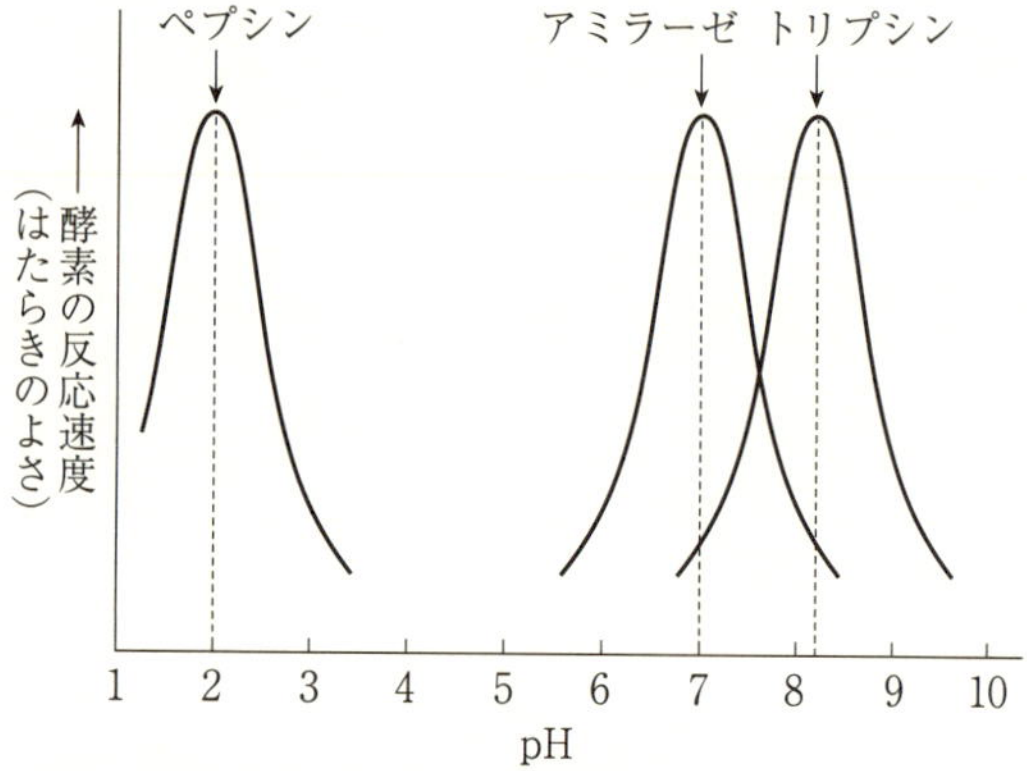
ペプシン
アミラーゼ
トリプシン
酵素の反応速度
(はたらきのよさ)
1
2
3
4
5
6
7
8
9
10
pH
図39　酵素たんぱく質のpH依存性

かく基質が決まっている場合も多いのだが、詳細については、ここでは割愛しよう。

たんぱく質のpH依存性

基質特異性は、いわば酵素たんぱく質にとってはその存在意義にかかわることであるから、すこぶる大切な性質である。

基質特異性ほどではないにしても、ほかにもたんぱく質の〝態度〟を変える要因もある。さまざまな環境的条件下において、たんぱく質には機嫌のよいときと悪いときがあるというものだ。

ある特定のpHもしくはその近辺のpHでのみ〝機嫌よくはたらく〟性質を「pH依存性」という。

たんぱく質分解酵素ペプシンが、pH2の極度の酸性条件下で非常に〝機嫌がよい〟というのが代表的な事例だろう(図39)。これを「最適pH」という。通常のたんぱく質なら、オレンジジュースの一〇倍も一〇〇倍も酸性度が強いこんな条件に置かれたら〝機嫌が悪くなる〟どころか、たんぱく質は「変性」し、はたらきを失ってしまう。まさに〝茫然自失〟という表現がふさわしい。しかし、ペプシンはそんな環境の中ではたらくのである。

また、でんぷんを分解する「アミラーゼ」が最も〝機嫌がよい〟のはpH7付近であり、膵液中の「トリプシン」の最適pHは8付近である（図39）。

第二節　体のはたらきを維持するたんぱく質

すでに述べたように、私たちヒトの体には一〇万種類以上ものたんぱく質が存在し、それぞれがそれぞれの役割を発揮している。

第二章第一節でご紹介した七つの分類のうち、「①酵素たんぱく質」は前節で、「④収縮たんぱく質」は第二章第一節ですでにご紹介した。

この節では、物質の輸送にかかわるたんぱく質、貯蔵のためのたんぱく質、情報伝達にかかわるたんぱく質など、体内で重要なはたらきを担うものについて、簡単にご紹介しておこう。すなわち、本節で新たに登場するのは前記分類における「③貯蔵たんぱく質」、「⑤防御たんぱく質」、「⑥調節たんぱく質」、そして「⑦輸送たんぱく質」である。
なお、「②構造たんぱく質」については、第五章第三節でご紹介する。

栄養素を運び、貯蔵するたんぱく質

何かを〝運ぶ〟役割をするたんぱく質のことを「輸送たんぱく質」という。第二章第一節の分類における「⑦輸送たんぱく質」である。

たとえば酸素を運搬するのはヘモグロビンというたんぱく質である。赤血球の内部に大量に存在し、ヘム鉄分子を利用して酸素を運ぶことで有名なたんぱく質だ。

血液中には「アルブミン」と呼ばれるたんぱく質がたくさん浮かんでいる。正確には血清アルブミンというたんぱく質であり、水に溶けにくい脂質などの分子を結合することで水に溶けやすくし、血液中を輸送している。

また、アポリポたんぱく質というたんぱく質は、LDL（俗にいう悪玉コレステロール）、HDL（俗にいう善玉コレステロール）などの「リポたんぱく質」の主要な成分であって、これも、コレステロールや中性脂肪などを肝臓から各組織に運んだり、各組織から肝臓へ戻したりする役割を担っている（図40）。

何かを〝蓄える〟ためにあるたんぱく質もある。そうしたたんぱく質のことを総称して「貯蔵

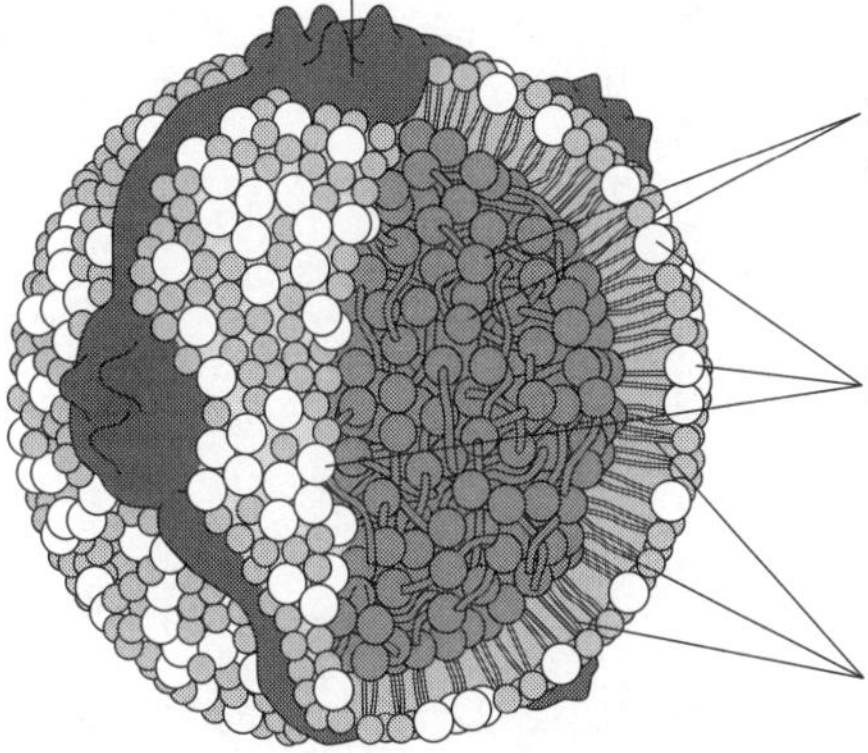
アポリポたんぱく質B－100
コレステロール
エステル
非エステル型
コレステロール
リン脂質

図40　リポたんぱく質（出典：図10と同、ただし731頁）

たんぱく質」という。第二章第一節の分類における「③貯蔵たんぱく質」である。

たんぱく質（蛋白質）という名前の語源ともなった、卵白アルブミン（オボアルブミン）も、栄養源として卵白中に蓄えられているものであるから、貯蔵たんぱく質の一つである。また、細胞の中で鉄イオンを貯蔵するために存在するフェリチン、ヘモシデリンなども貯蔵たんぱく質の一種である。

細胞のアクションを支える情報伝達

何らかの情報を、細胞と細胞の間、組織と組織の間、あるいは細胞の内部で伝達するためにはたらくたんぱく質がある。

細胞が作り出して分泌し、他の細胞（あるいは自分自身）を増殖させるようはたらくたんぱく質は数多く知られており、「○○増殖因子」といった名前で呼ばれるものが多い。たとえば、肝細胞増殖因子（ＨＧＦ：hepatocyte growth factor）、繊維芽細胞増殖因子（ＦＧＦ：fibroblast growth factor）などが知られている。

また、免疫反応において、リンパ球同士が情報をやり取りするために作り出す「インターロイキン」も、そうしたたんぱく質の一種である。

細胞の表面で、細胞の外からやってくるシグナル（さまざまな化学物質で、たんぱく質の場合もあれば、そうでない場合もある。インターロイキンや○○増殖因子などはこの類である）を受け取るのも、たんぱく質である。「受容体（レセプター）」と呼ばれるものがそれで、「○○受容体」という名前で呼ばれる。○○には、それが受け取るシグナルの名前が入る。たとえば、肝細胞増殖因子受容体、インスリン受容体（図41）といった具合である。

受容体は通常、細胞膜に埋め込まれていて、細胞の外に向けて飛び出た部分と、細胞の内側に向けて飛び出た部分を持つ。細胞の外に向けた部分は、シグナルを受け取るためにある（図41）。

細胞の内側に向けた部分は、ある種の酵素たんぱく質としてはたらくことがあり、その酵素たんぱく質のはたらきが、細胞内の別のたんぱく質に及ぶことで、〝シグナルが伝わった〟ことになる。

さらに、細胞内でシグナルを受け取ったたんぱく質が別のたんぱく質にはたらき、さらにそのたんぱく質が別のたんぱく質に……という具合に、シグナルが最終的に、細胞の核にまで到達する。このような現象を細胞内情報伝達という。

これらの細胞内たんぱく質もたいてい酵素たんぱく質であり、別のたんぱく質に「リン酸」をくっつける反応を触媒する。この反応が次々に起こることで、情報が伝達されていくのである（本章第四節参照）。

したがって、情報伝達にかかわるたんぱく質の多くは、「①酵素たんぱく質」である。

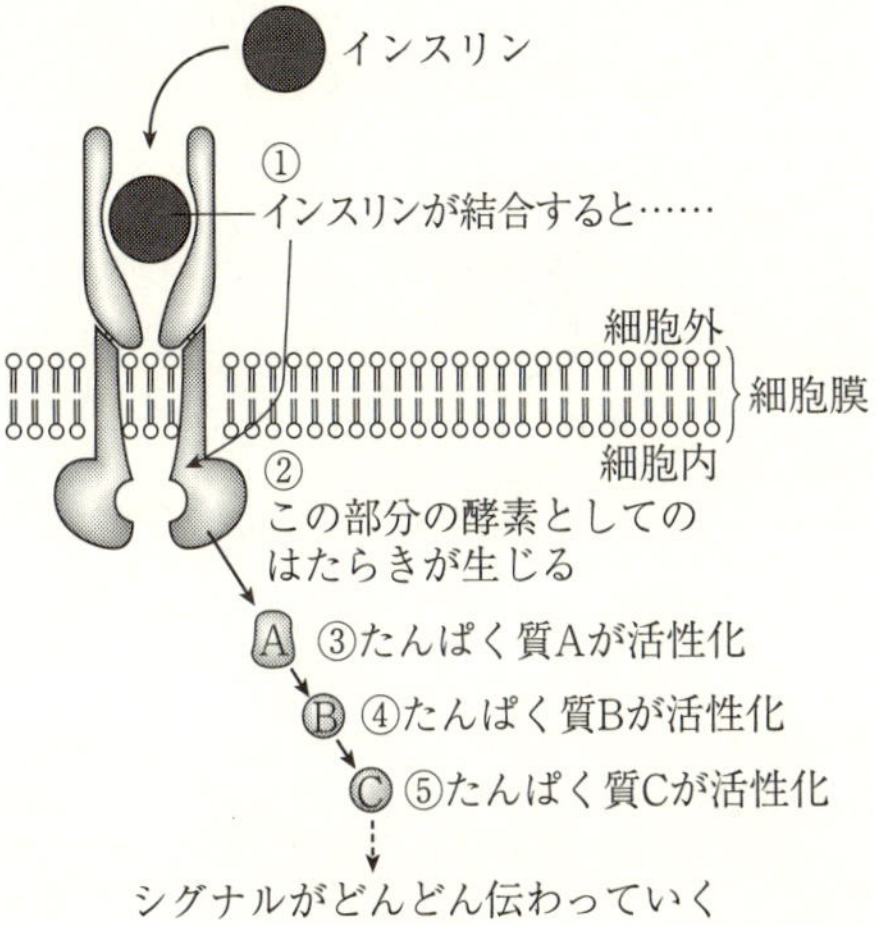
インスリン
①
インスリンが結合すると……
細胞外
細胞膜
細胞内
②
この部分の酵素としての
はたらきが生じる
A ③たんぱく質Aが活性化
B ④たんぱく質Bが活性化
C ⑤たんぱく質Cが活性化
シグナルがどんどん伝わっていく

図41　インスリン受容体

遺伝子の発現を調節するたんぱく質

何かをコントロールするたんぱく質のことを「調節たんぱく質」という。七つの分類における「⑥調節たんぱく質」である。たとえば、DNAに結合して遺伝子の発現をコントロールするたんぱく質などがその代表例であろう。

遺伝子が発現するとは、その遺伝子からたん

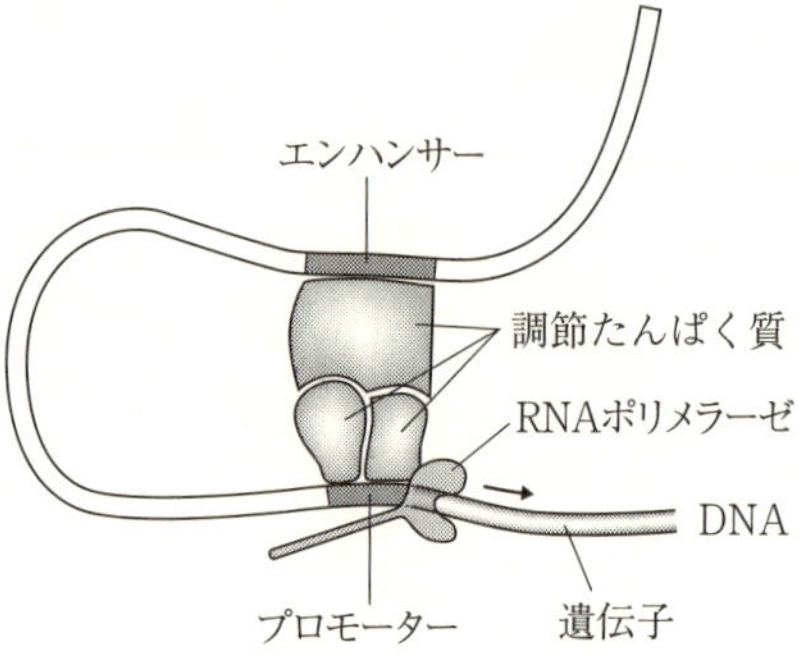
エンハンサー
調節たんぱく質
RNAポリメラーゼ
DNA
プロモーター
遺伝子

遺伝子の発現は、プロモーターやエンハンサーなどのDNA上の調節配列に結合する調節たんぱく質のはたらきによって、促進されたり抑制されたりする。

図42　調節たんぱく質

ぱく質が作られるということである。遺伝子の本体はＤＮＡであって、たんぱく質のアミノ酸配列を指定する〝設計図〟である。どの細胞にも、その設計図に書かれてあるたんぱく質情報を引き出し、たんぱく質を作るしくみが備わっているが、必要のないときに必要のないたんぱく質が作られては困る。どの細胞でも、そのたんぱく質をいつ、どのくらい作るかはきちんと管理されている。それが、この調節たんぱく質の役割なのである（図42）。

遺伝子発現の調節を行うものとして、まずは「基本転写因子」と呼ばれる、ｍＲＮＡの合成が開始される際にはたらくたんぱく質の一群が挙げられよう。この基本転写因子が、遺伝子の「プロモーター」と呼ばれる調節配列近辺に結合することにより、ＲＮＡポリメラーゼがｍＲＮＡ合成をスタートすることができる。

さらに、その遺伝子発現をもっと上のレベルで調節する「エンハンサー」と呼ばれる調節配列付近に結合する調節たんぱく質もあり、これらがエンハンサーとプロモーターの〝橋渡し〟となるように結合することで、遺伝子発現がスタートする（図42）。

遺伝子発現だけでなく、たとえば筋肉における収縮たんぱく質のはたらきを調節する調節たんぱく質（第五章第一節参照）もある。もともと、「調節たんぱく質」といえばこちらを指していた。

また、古典的ではあるが面白い調節たんぱく質の一つが「カルモジュリン」であろう。その名のとおり、細胞内の「カル」シウムを使って、酵素たんぱく質のはたらきを調節（モジュレート）するたんぱく質である。一九七〇年に日本の垣内史朗によって発見された。

このたんぱく質は、イメージとしては鉄アレイのような格好をしており、両端の、鉄アレイの二つの球にあたる部分に二個ずつカルシウムを結合させる。カルシウムが結合すると、カルモジュリンはターゲットの酵素たんぱく質と結合してそのはたらきを活性化する。そしてカルシウムを放すと酵素たんぱく質から離れ、そのはたらきは不活性化されるのである（図43）。

抗体のはたらき

免疫反応に携わり、体を外敵から防御するたんぱく質を「防御たんぱく質」という。七つの分類における「⑤防御たんぱく質」である。

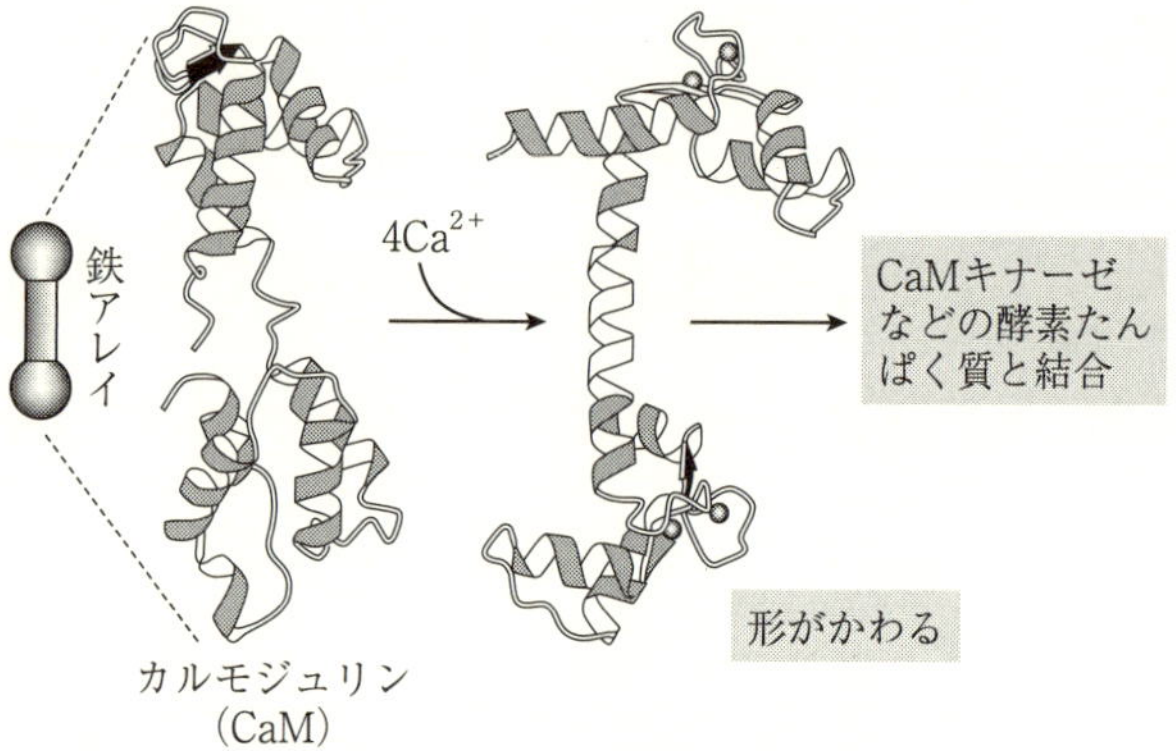
鉄アレイ
4Ca2+
CaMキナーゼなどの酵素たんぱく質と結合
形がかわる
カルモジュリン(CaM)

図43　カルモジュリン（出典：図10と同、ただし378頁）

私たちは常に、何らかの〝外敵〟に身をさらしながら生きている。たとえば、肉眼では見えないが、私たちの周囲には常に、病原性を持つさまざまな細菌やウイルスがいる。こうした微生物を、私たちは毎日のように口の中に入れ、鼻の中に入れ、肺の中に入れている。それでも普段、私たちがこうした微生物たちによって病気にかかることが滅多にないのは、こうした〝外敵〟を体内で攻撃してくれるたんぱく質がいるおかげなのである。

そのたんぱく質の正体が、「抗体」と呼ばれるたんぱく質だ（図44）。

抗体は、体内に侵入した「異物」に対して、あたかもこれに「抗う」ようにして結合する。

正式な名前を「免疫グロブリン」という。いくつかの立体構造上・機能上の種類があるが、免疫グロブリンG（IgG）と呼ばれるものが、主に異物などを攻撃する〝ミサイル〟としてはたらく。二種類のサブユニット

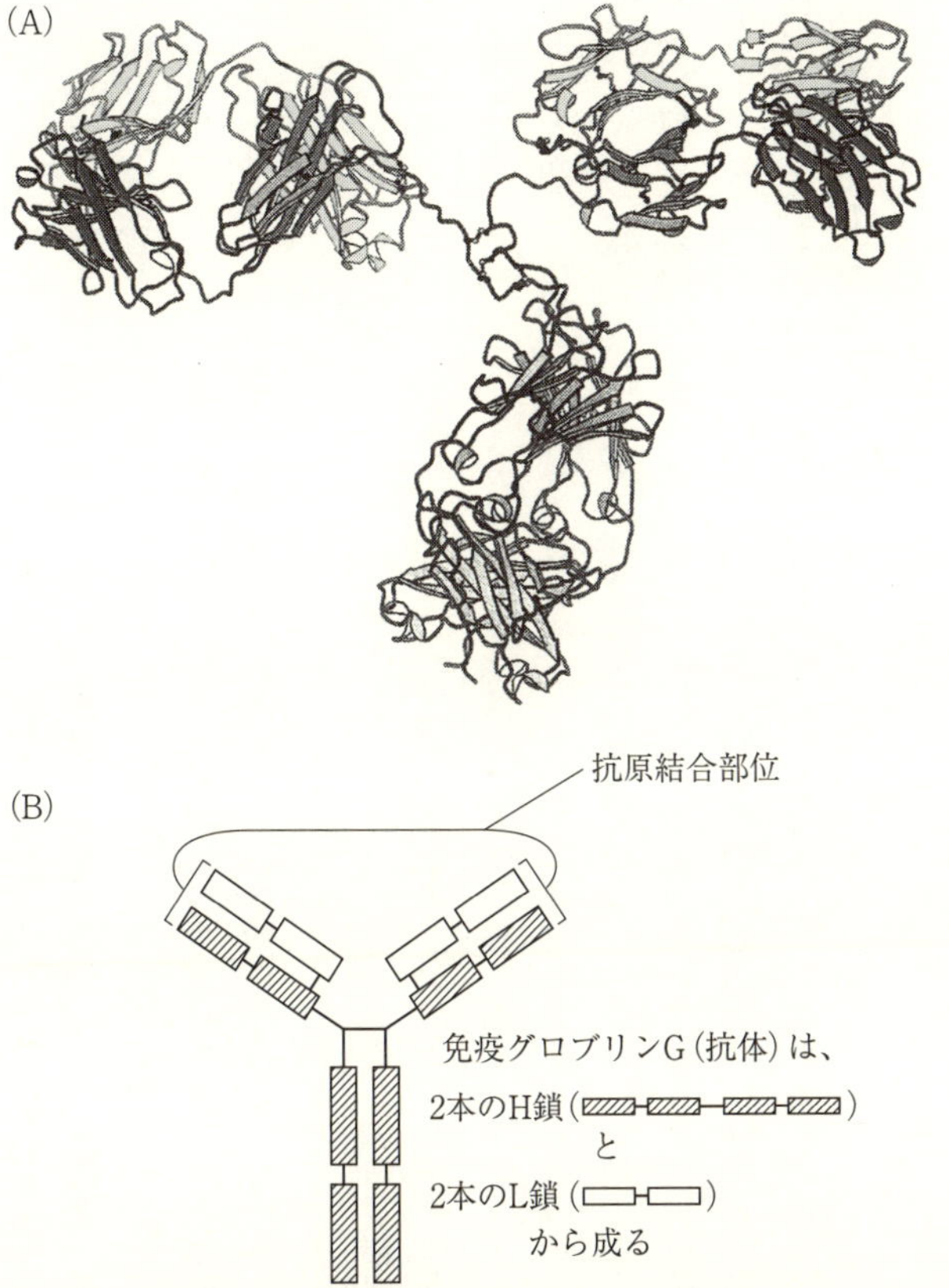
(A)
(B)
抗原結合部位
免疫グロブリンG（抗体）は、
2本のH鎖（　　）
と
2本のL鎖（　　）
から成る

図44　抗体。（A）は免疫グロブリンGのリボンモデル。（B）はより模式的に描いたもの（出典：図10と同、ただし936頁）

（H鎖とL鎖）が二個ずつ組み合わさった四次構造を形成したたんぱく質である（図44）。「グロブリン」とは、水に溶けにくく、中性の塩類溶液に溶け、硫酸アンモニウムを加えていくと沈殿する性質を持つ、球状の単純たんぱく質（本章第四節参照）の総称である。

グロブリンの中で、特に免疫反応に携わるので「免疫グロブリン」と呼ばれている。

さて、いちいち「免疫グロブリン」などというのは面倒なので、やはりここは「抗体」と呼ぶことにしよう。

抗体を作って分泌するのは「B細胞」というリンパ球である。このB細胞が、免疫刺激を受けるとにわかにぶくぶくと肥り出し、「形質細胞（抗体産生細胞）」と呼ばれる小胞体だらけの細胞に変化する。そうして〝ミサイル〟を怒濤のごとくに作り出すのである。

先ほどから、抗体は異物を〝攻撃する〟などという言い方をしているが、じつは、抗体は酵素たんぱく質ではない。つまり、化学反応の触媒作用は持っていないのである。

では何をするのかといえば、分子の中に二ヵ所ある異物と結合する抗原結合部位（図44）で異物をしっかりつかまえ、時によっては異物同士をがんじがらめに凝集して動けなくしたり、血液内で細菌などに結合し、血液中に存在する「補体系」と呼ばれる〝溶菌システム〟と一緒になって、その細菌をやっつけたりする。

抗体というたんぱく質はじつに不思議で、「全宇宙のあらゆる物質に対応する」ほどのレパートリーを持つことで知られる。つまり、どんな外敵がやってきても、これと結合できるほどの特異性を持っているのである。正確には、一個のB細胞が作れる抗体は一種類なので、B細胞のレパートリーが揃っている、といったほうがよい。

これは、抗体遺伝子が、ほかの遺伝子とは違って高度な「組換え」を起こすことができるからである。詳細は成書に譲るが、この組換えによって億を超える種類の抗体遺伝子（正確には、抗原結合部位の種類が億を超える）が作られるのだ。

この抗体遺伝子の多様性の原理を発見したのが利根川進で、彼は現時点（二〇一一年春）では日本人で唯一のノーベル生理学医学賞の受賞者である。

第三節　たんぱく質のお湯加減　～いろいろな温度ではたらくたんぱく質たち～

誰にでも〝ちょうどいい湯加減〟というものがある。ほとんどの人にとってちょうどいい湯加減というのは、だいたい体温よりやや高めの三八～四〇℃くらいであるといわれているが、人によってはもっとヌルい湯が好きであったり、もっと高い四二℃くらいの湯を好んだりする。筆者などは「カラスの行水」もいいとこだから、四〇℃のお湯ですら長く入ってはいられない。息子などはさらにひどいもので、三八℃のお湯ですら「熱い！」と叫んで、すぐに水を足そうとする（もっとも、子どもはたいていそうであろうとは思うが）。

どんな極端な人でも、お風呂に入るのに三〇℃以下のお湯（こうなったらほぼ〝水〟である）や、五〇℃以上のお湯（こうなったらほぼ〝地獄の釜の湯〟である）に入ることはまずあるまい。

じつは、たんぱく質にも〝ちょうどいい湯加減〟というものがある。

たんぱく質の最適温度

私たちの体温は三七℃前後だから、私たちの体内ではたらくたんぱく質にとって〝ちょうどいい湯加減〟は、やはり三七℃前後であると考えられる。

昆虫のたんぱく質にとっても、やはりその昆虫の〝体温〟（哺乳類や鳥類のように、常に体温を保っているような生物以外に、明確な〝体温〟は設定しにくいのだが、ここでは便宜上〝体温〟とする）に近い温度がいちばん〝ちょうどいい湯加減〟であるに違いない。

このように、あるたんぱく質が最も機嫌よくはたらくことのできる〝ちょうどいい湯加減〟を、そのたんぱく質の「最適温度」という。

先ほども述べたように、私たちヒトの体内にある酵素たんぱく質では、最適温度は三七℃前後である。よく実験で用いられる唾液のアミラーゼなども、それくらいの温度で最もよくでんぷんを分解する。

すると、こういう場合はどうであろう。

世の中には、ものすごく高温でも生息できる細菌がいる。いやむしろ、そうした高温に適応して生きている細菌がいる、といった方が正確だろう。「熱が好き」なので、文字どおり「好熱細菌」と呼ばれている。

好熱細菌とPCR法

私たちの体のすべてのたんぱく質がそうであれば、たとえ熱湯を浴びせかけられても、地獄の釜で煮られても、平然と口笛を吹いていられるかもしれない、というような話である。

アメリカ・イエローストーン国立公園では、ぐつぐつと煮えたぎる熱水が噴き出す光景があちらこちらで見られる。

この地獄の釜のような熱水中で生きている生物が、好熱細菌である。その名のとおり、〝熱水大好き〟な生物だ。芸人が熱湯に何秒入っていられるかを競う（?）テレビ番組があったが、そんな比ではない、まさに熱湯の中で、これらの細菌は平然と生息しているのである（図45）。

細菌だから、私たちのように、常に体温をある一定の温度に保っているわけではない。好熱細

図45　熱水が好きな細菌

菌も、外水温は一〇〇℃近いのに、細胞の中は三七℃に保っているなどという、超高性能エアコンのようなしくみを持っているわけではない。

好熱細菌のたんぱく質には、「非常に熱に強い」、いわゆる耐熱性という特徴があるのである。

私たちが火傷をするということは、その部分のたんぱく質が熱によって「変性」を起こすということであり、ほぼすべてのたんぱく質が変性してしまうため、火傷をした部分の細胞は死んでしまう。火傷が治るためには、新しく生まれてきた細胞が、その部分を完全に覆うのを待つしかない。

これに対し、好熱細菌のたんぱく質は熱によって変性するどころか、むしろ高温条件下で、より一生懸命にはたらくのである。

もちろん、そうしたたんぱく質の耐熱性にも限度がある。いくらイエローストーン国立公園の熱水中で生きていられても、コロモをつけ、一八〇℃の油の中で天ぷらに揚げられたら死んでしまうだろう（誰も試したことはないとは思うが）。

さて、この好熱細菌のたんぱく質を利用したバイオテクノロジーの一技術が、近年の分子生物学、遺伝子工学の発展に著しく貢献したことをご存じだろうか。

ＰＣＲと呼ばれる反応（ＰＣＲ法）がそれである。

アメリカの化学者マリスによって開発されたこの方法は、おおぜいのＤＮＡが混じったものの中から、自分が欲しい遺伝子の部分だけを選んで「増幅」させることができる方法だ。

ＰＣＲのあらましを図46に示した。

要するに、反応温度を上下させることで、自動的にＤＮＡ複製反応を繰り返し行わせ、目的の遺伝子だけを連続的に複製させるのである。

このとき、好熱細菌（*Thermus aquaticus*）が持っている「ＤＮＡポリメラーゼ」が利用される。ＤＮＡを合成する（複製する）酵素の一つである。

目的の遺伝子の複製を続けて何度も行うには、それぞれのステップごとに、九六℃くらいの温度にまで反応溶液の温度を上げる必要がある。この温度にすることで、二重らせん構造をとるＤ

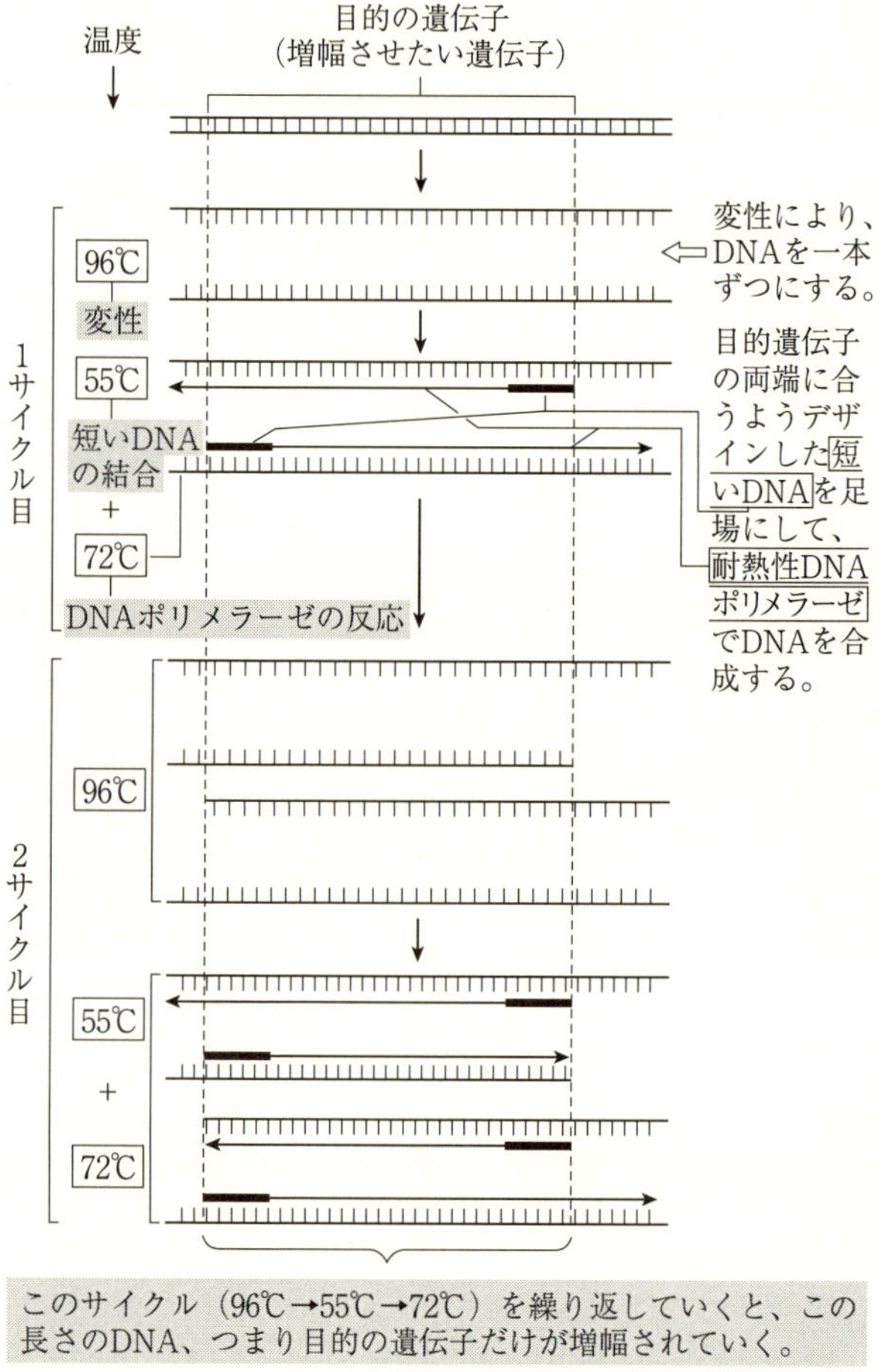
目的の遺伝子
(増幅させたい遺伝子)
温度
96℃
変性
55℃
短いDNAの結合
+
72℃
DNAポリメラーゼの反応
1サイクル目
変性により、DNAを一本ずつにする。
目的遺伝子の両端に合うようデザインした短いDNAを足場にして、耐熱性DNAポリメラーゼでDNAを合成する。
2サイクル目
96℃
55℃
+
72℃
このサイクル(96℃→55℃→72℃)を繰り返していくと、この長さのDNA、つまり目的の遺伝子だけが増幅されていく。

図46　PCR法

NAが一本ずつにほどけるからだ。一本ずつにほどけないと、DNAを複製させることができない。だから、反応溶液の温度を九六℃に上げても変性しない耐熱性のDNAポリメラーゼが必要になったのである。

好熱細菌以外、いったいどの生物が、そんなDNAポリメラーゼを提供してくれるというのだろう。

正確にいえば、そんな細菌の存在が知られていたからこそ、マリス博士はPCR法を開発することができたのである。

好熱細菌のたんぱく質

この細菌、*Thermus aquaticus* は、そうした極限的状態で生きているので、含まれるたんぱく質の性質も、私たちのような常温で生きる生物のたんぱく質と同じではない。とはいえ、月とスッポンのように劇的に違うのかといえば、そういうわけでもない。実際、通常の温度で生きている生物のたんぱく質と、好熱細菌のたんぱく質の立体構造を比較しても、それほど大きな違いはないことが知られている。

じゃあ、なぜ好熱細菌のたんぱく質は熱に強いのか？

考えられるのは、全体的な立体構造にはそれほど影響しないようなアミノ酸の違い、あるいは、立体構造を形成するたんぱく質内部のさまざまな相互作用の違いであろう。

たんぱく質の性質は、どのアミノ酸がどのような順番で並んでいるかが決めるわけだから、たんぱく質の耐熱性を上げるためにはまず、熱に比較的不安定なアミノ酸を排除することが肝要である。

アスパラギンやシステイン、メチオニンといったアミノ酸は熱に対して弱く、好熱細菌のたんぱく質における含量は、他に比較して少ないことが知られている。

また、好熱細菌のたんぱく質にはプロリンの含量が多いことも知られている。

実験的に、熱に耐性を持つように人工的に作り上げたたんぱく質のアミノ酸配列を調べてみると、それまで電荷を持たなかったアミノ酸が、アルギニンなど正の電荷（＋）を持つアミノ酸に置換していたとか、プロリンに置換していたとか、そういった特徴が見られるという。

また、好熱細菌のたんぱく質が立体構造をとるための分子内の相互作用（たとえば、疎水性相互作用、水素結合など）は、通常の温度で生きている生物のそれよりも、一般的に強いとされており、これも、熱に対する安定性に貢献しているのであろう（図47）。

通常の温度で生きている生物の酵素たんぱく質では、基質が結合するとき、酵素たんぱく質本体の形が大きく変化することはよく見られる現象であるが、耐熱性の酵素たんぱく質では、基質が結合しても、その形があまり変わらないという現象も知られている。

反応に伴って形を大きく変えるのには、ある程度のリスクを伴う。うまく変わればよいが、もしかすると失敗してしまうかもしれない。とりわけ高温条件下では、そうしたリスクはより高くなるだろう。

好熱細菌のたんぱく質において、基質が結合しても形が変わらないシステム、言い換えると、形が変わらなくても基質が結合できるようなシステムが作られてきたのは、もしかしたら高温条件下のリスクを回避するように進化してきた結果なのかもしれない。

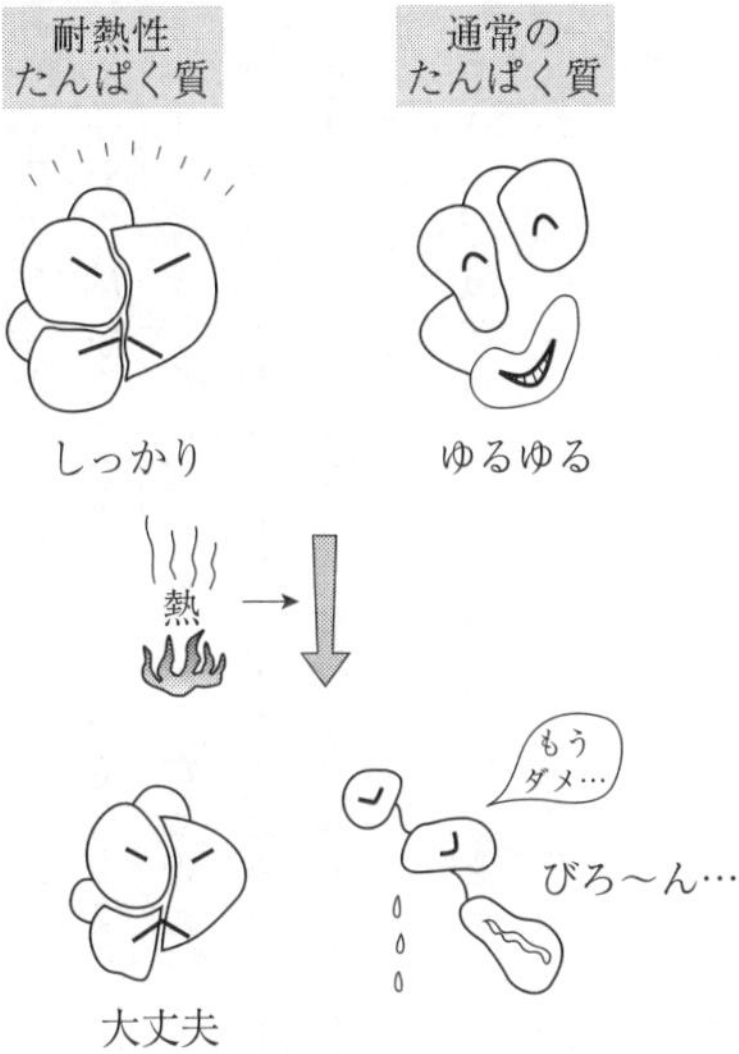
耐熱性
たんぱく質
通常の
たんぱく質
しっかり
ゆるゆる
熱
もう
ダメ…
びろ〜ん…
大丈夫

図47　耐熱性たんぱく質の特徴の一つ

いずれにせよ、たんぱく質の耐熱性のしくみについては、完全に解明されているわけではなく、今後の研究が待たれるところである。

不凍たんぱく質

世の中に、*Thermus aquaticus* のような、高温のお湯の中に好んで生息する細菌がいるということだけでも驚きを禁じ得ないが、世の中には、その〝逆パターン〟の生物も存在する。

つまり、飲むと頭がキーンと痛くなるような冷たい水の中で生息している生物だ。そんな冷たい水がどこにあるのかといえば、南極や北極にある。

極地の海に生息する魚は、飲むと頭がキーンどころか、ヘタをすると凍りついてしまうほどの温度で生活しているから、体液が凍りつかないしくみを持っていなければ生きていくことはできまい。

そうした魚から発見されたたんぱく質が、「不凍たんぱく質」と呼ばれるたんぱく質である。そのたんぱく質があるおかげで、魚たちの体液は凍りつかないで済んでいるのである。

このたんぱく質は、一九六九年、ド＝フリース（突然変異説のド＝フリースとは別人物）らによって南極海に生息する魚から世界ではじめて単離された。

不凍たんぱく質（ＡＦＰ：antifreeze protein）には、そのアミノ酸配列や高次構造の違いにより、Ⅰ型ＡＦＰ、Ⅱ型ＡＦＰ、Ⅲ型ＡＦＰ、Ⅳ型ＡＦＰと、ＡＦＧＰ（antifreeze glycoprotein）の五種類がある。

図48は、アミノ酸の一つ「アラニン」が連続してつながり、一本のα－ヘリックス構造が作られているⅠ型ＡＦＰの構造の一つである。アラニンは、α－ヘリックス構造を作りやすいアミノ酸として知られているので、アラニンが非常に多いポリペプチドは、自然とα－ヘリックスを作

ることが容易に推測される。

水温が氷点に近づくと、水の中にはまず、「氷核」という氷のミクロな結晶がたくさん生じる。この氷核が、さらに周囲の水分子を自らの表面に次々に並べていくことで、結晶が大きく成長し、やがて水全体が凍りつく。

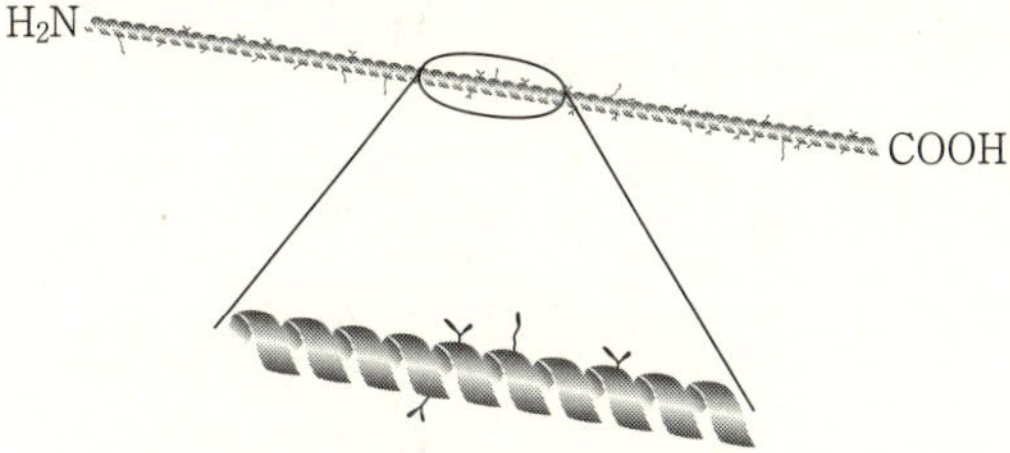

H_2N
COOH

図48　不凍たんぱく質（出典：Patel SN & Graether SP, Structure and ice-binding faces of the alanine-rich type I antifreeze proteins, *Biochem. Cell Biol.* 88, 223-229, 2010）

不凍たんぱく質は、この氷核の表面に結合することで、氷核が成長し、大きな結晶が形成されるのを防ぐと考えられている。多くの不凍たんぱく質が氷核の表面を覆うように結合することで、その溶液の凝固点が下がり、融点との差が大きくなる。この、凝固点と融点との差を「熱ヒステリシス」という。不凍たんぱく質は、溶液の熱ヒステリシスを上げることで、溶液が凍るのを防いでいるのである。

こうした不凍たんぱく質は、南極海の魚類だけでなく、植物や昆虫などからも発見されている。

第四節　たんぱく質の〝装飾品〟と、その利用

これまで「酵素たんぱく質」「調節たんぱく質」「防御たんぱく質」などという具合にたんぱく質を分類してきたのは、日本人全体を「職業で」分類してきたようなものである。

人間の集団をいろいろな方法、いろいろな基準で分類することができるのと同様に、たんぱく質の分類にもさまざまな基準がある。

ここで、たんぱく質をそのはたらきではなく、化学的な性質や形に則って分類してみるとどうなるだろうか。つまり、日本人全体を「性格で」分類するようなものである。

それに則ると、たんぱく質は、大きく次の三つに分類することができる。

① 単純たんぱく質
② 複合たんぱく質
③ 誘導たんぱく質（本書ではご紹介しない）

単純たんぱく質と複合たんぱく質

「単純」たんぱく質とは、いったい何が「単純」なのだろうか。

思考が短絡的とか、実直でわき目もふらずに猛進するとか、そんな意味での「単純」ではない。もっと気楽にとらえよう。

じつは、アミノ酸配列だけで作られるたんぱく質を単純たんぱく質というのである。たんぱく質はアミノ酸が長くつながったものなのだから、そんなのは当たり前だと思われるかもしれないが、じつは当たり前ではない。

もう一方の「複合たんぱく質」は、アミノ酸配列であるところのポリペプチドに、さらに、アミノ酸以外のさまざまな物質が結合したたんぱく質である。たとえば、糖がたくさん結合した「糖たんぱく質」がその代表的な例であろう。

この「複合たんぱく質」に対して、糖も何も結合していない、ポリペプチドのみからできたたんぱく質、いわば〝ツルリとして純粋な〟たんぱく質のことを「単純たんぱく質」というのである（図49）。

単純たんぱく質は、水や酸、アルカリ溶液などに対する溶けやすさなどの化学的特徴から、さらにアルブミンやグロブリンなどに細かく分類することができる。

では、複合たんぱく質に含まれる「アミノ酸以外の物質」の実際を、代表的な複合たんぱく質の例を二つほど挙げてご紹介しよう。

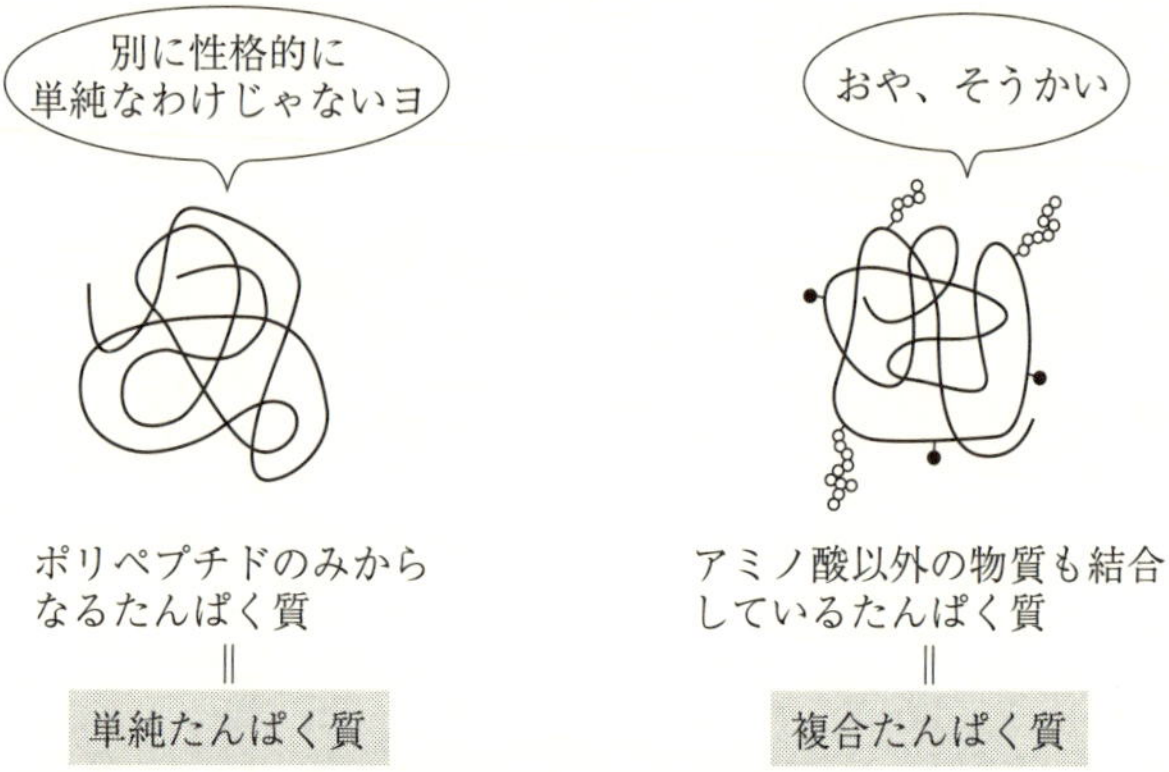

別に性格的に
単純なわけじゃないヨ
おや、そうかい
ポリペプチドのみから
なるたんぱく質
‖
単純たんぱく質
アミノ酸以外の物質も結合
しているたんぱく質
‖
複合たんぱく質

図49　単純たんぱく質と複合たんぱく質

糖をつけたたんぱく質

私たちのたんぱく質の多くが身につけている〝装飾品〟として、大きさ的にも機能的にも最大のものが「糖」である。そして、糖をつけたたんぱく質を総称して「糖たんぱく質」という。

三大栄養素の一つ「炭水化物」とは、糖、すなわち「糖質」のことでもある。砂糖、ブドウ糖、麦芽糖、お米やパンの主成分である「でんぷん」などが有名な糖質である。

糖たんぱく質には、さすがにでんぷんのように大きな糖質がくっついているものはあまりなく、多くの場合、いくつかの「単糖」がつながった「糖の鎖（糖鎖）」がくっついている（図50）。

単糖とは、糖質の基本単位であり、ブドウ糖（グルコース）が代表的なものである。

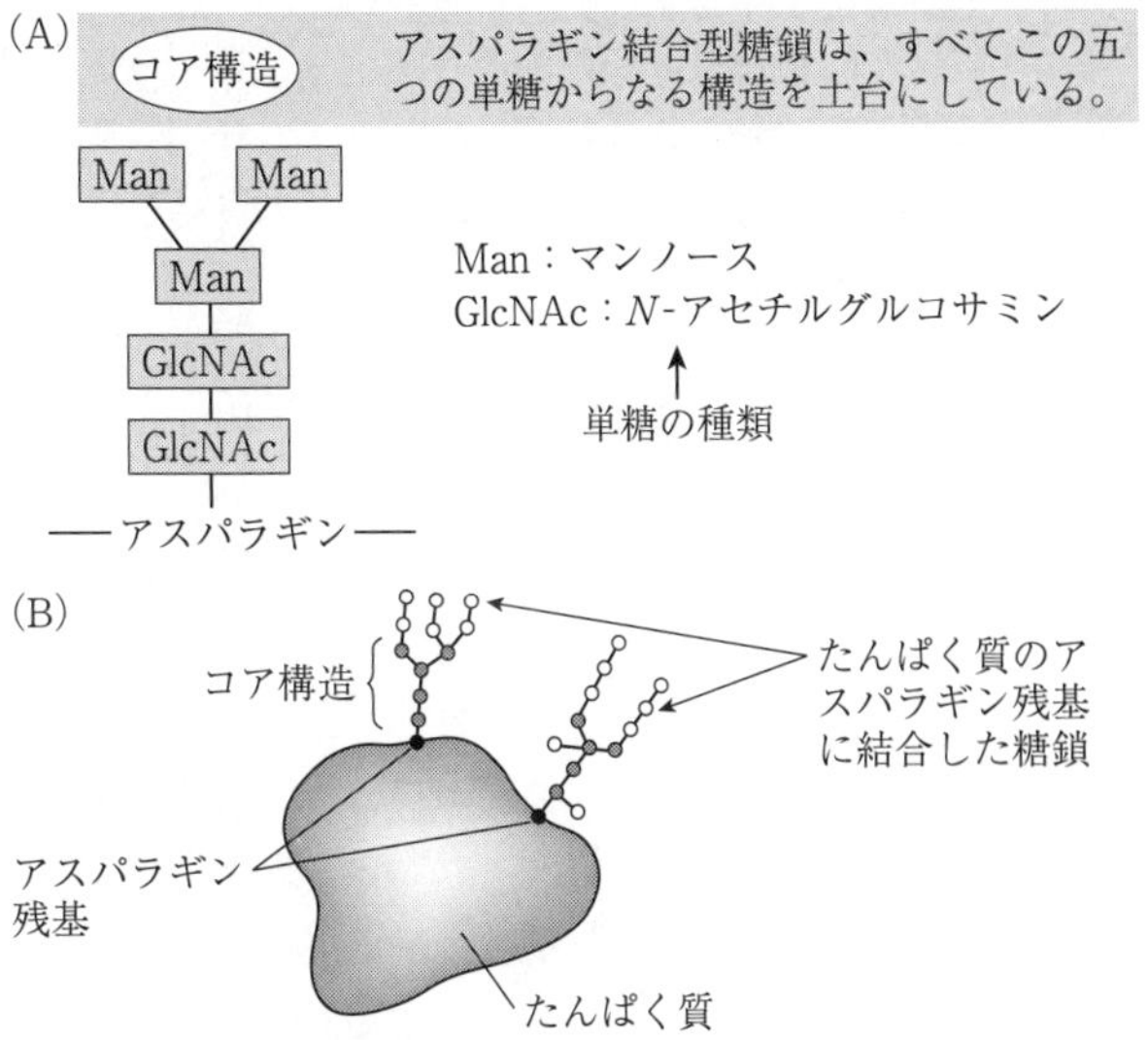
(A)
コア構造
アスパラギン結合型糖鎖は、すべてこの五つの単糖からなる構造を土台にしている。
Man
Man
Man
GlcNAc
GlcNAc
アスパラギン
Man：マンノース
GlcNAc：*N*-アセチルグルコサミン
単糖の種類
(B)
コア構造
たんぱく質のアスパラギン残基に結合した糖鎖
アスパラギン残基
たんぱく質

図50　糖たんぱく質と糖鎖。(A) はコア構造を作る単糖。(B) は実際の糖鎖の例

糖鎖は、たんぱく質の「アスパラギン」というアミノ酸残基に結合していることが多い。アスパラギンに、図50に示したような「コア構造」が結合し、これを土台として、それぞれの糖たんぱく質に特有な糖鎖が形成されている。

たとえば私たちの血液中に存在するたんぱく質のうち、血清アルブミン（114ページ参照）を除くほぼすべてのたんぱく質は糖たんぱく質である。また、細胞表面にあるたんぱく質にはたいてい外側に向かって糖鎖が突き出ており、この糖鎖が細胞の外からのシグナルを受け取るのに重要な役割を果たす。

また、身近なものでは、卵の白身に含まれるオボアルブミン、牛乳のカゼインなどが糖たんぱく質の一種である（第五章第二節参照）。また、赤血球の細胞膜にあるたんぱく質に糖鎖が結合し、それがＡＢＯ式血液型を決めていることもよく知られている（この糖鎖は、たんぱく質だけでなく、細胞膜にある脂質にも結合して「糖脂質」としても存在している）。

現在では、細胞の外だけでなく、細胞内の多くのたんぱく質にも糖鎖が結合していることが明らかになっている。

どんな糖がくっついているのか

この、糖たんぱく質の糖を形作る単糖の種類は、たんぱく質を形作るアミノ酸の種類が二〇種類と決まっているように、やはりある程度決まっているようで、現在、九種類ほどある（表4）。

しかしながら、単糖同士の結合パターンにはいくつもの多様性があることから、単糖の種類は九種類であっても、生じる糖鎖の種類は膨大だ。さらに、ＤＮＡやたんぱく質などがヌクレオチドやアミノ酸がひとつながりにつながった一本道でしかないのとは異なり、糖鎖には途中から枝分かれする（分岐する）ことができるという特徴がある。このため、糖鎖の形はさらに多様性に富むことになる（図51）。

さて、いくらたくさんの品物を用意しても、買ってくれる人や、使ってくれる人がいなければ絵に描いた餅にすぎない。選択の幅を広げるということは、それだけ、選択してくれる人の幅も広い、ということだ。

糖鎖の種類の多様性は、それを〝使う人〟の多様性をそのまま意味するのであって、それだけ多くの生命現象に、糖鎖、いや糖たんぱく質が関与していることを意味している。

私たちの体内には、そうした糖鎖を〝使う〟、すなわち〝認識〟することで何らかの生命現象にかかわっているたんぱく質がある。言い換えると、糖鎖がついている糖たんぱく質とは別に、そんな糖鎖をがっちりつかまえるたんぱく質もいるのである。

名　称	略称
ガラクトース	Gal
マンノース	Man
N-アセチルグルコサミン	GlcNAc
N-アセチルガラクトサミン	GalNAc
L-フコース	Fuc
グルコース	Glc
キシロース	Xyl
グルクロン酸	GlcA
シアル酸 (*N*-アセチルノイラミン酸)	NeuAc

表4　糖鎖をつくる九種類の単糖

レクチンのはたらき

一八八八年、当時の帝政ロシアの大学生スティルマークは、ヒマというトウダイグサ科植物の種子の中に、ヒトの赤血球を凝集させる(一ヵ所に集めて固めてしまう)物質があることを発見した。彼はそのはたらきそのままに、この物質を「ヘマグルチニン(赤血球凝集素)」と命名した。

その後、こうした特徴を持つ物質がさまざまな植物から見つかり、「選別する」という意味のラテン語

「legere」に由来する「lectin（レクチン）」という名称が、こうしたたんぱく質に対して用いられるようになった（図52）。これら「凝集素」のはたらきがにわかにクローズアップされたのは、一九七四年に、アメリカの生化学者アシュウェルらにより、動物の肝臓に、血液の糖たんぱく質をつかまえ、肝臓で分解させるようにするたんぱく質が発見されたことであろう。

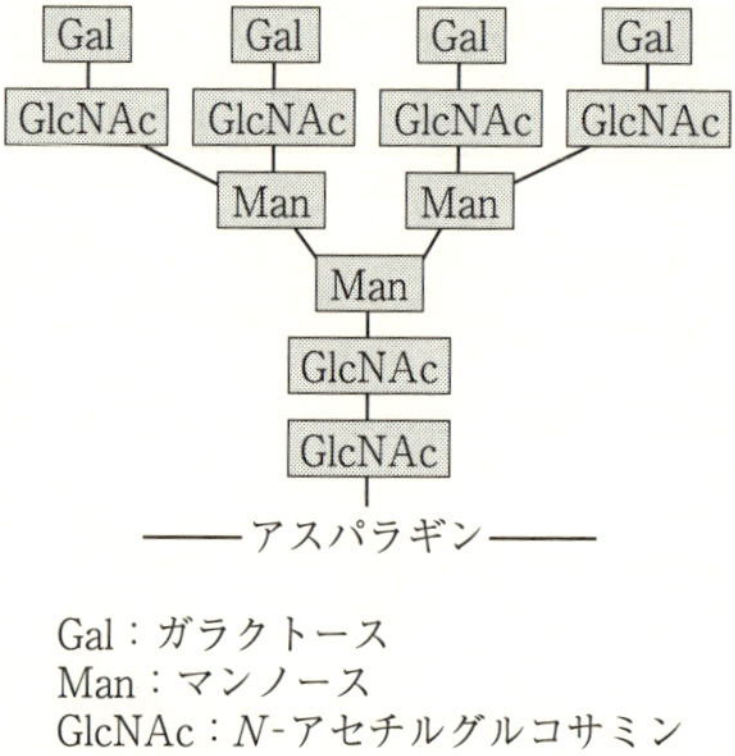

Gal
Gal
Gal
Gal
GlcNAc
GlcNAc
GlcNAc
GlcNAc
Man
Man
Man
GlcNAc
GlcNAc
アスパラギン
Gal：ガラクトース
Man：マンノース
GlcNAc：*N*-アセチルグルコサミン

図51　糖鎖の枝分かれの一例

現在では、それぞれのレクチンが、どのような糖鎖を「選別する」ことができるのか（図52では〈選別する〉というより〈くわえる〉だが、たとえだからどちらでもよい）が詳細に明らかになってきている。糖鎖の中でたった一個単糖の種類が違うだけで、それを「選別する」レクチンの種類が違ってくるというほどの厳密さで、これらのレクチンは糖鎖を特異的に認識しているらしい。

糖たんぱく質のあるところ、レクチンあり。

糖たんぱく質の糖鎖の存在が大きな意味を持つ、細胞と細胞とのコミュニケーションにおいては、とりわけ、「糖たんぱく質の糖鎖と、それを認識するレクチン」という構図が、必ずといっ

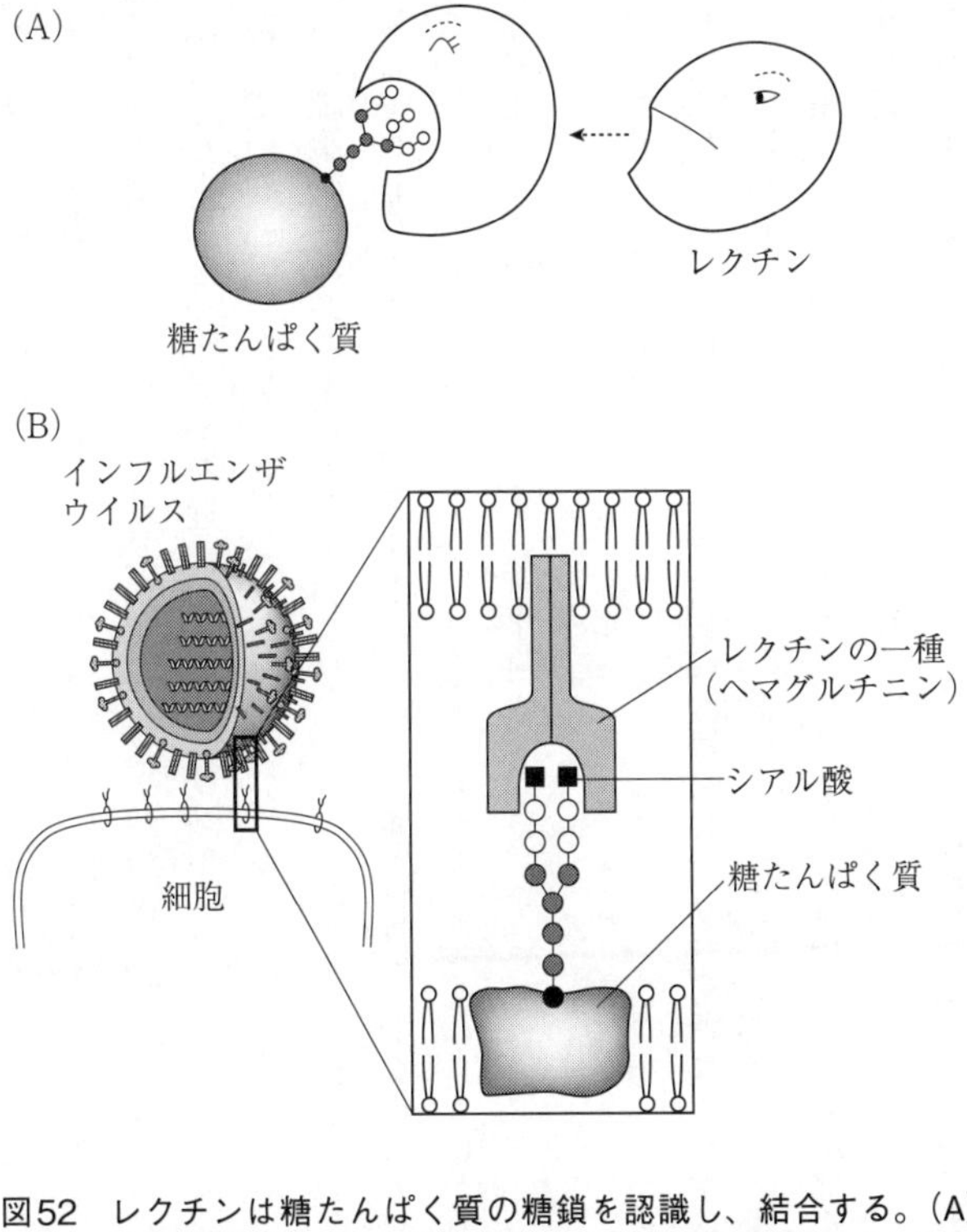
(A)
レクチン
糖たんぱく質
(B)
インフルエンザ
ウイルス
細胞
レクチンの一種
(ヘマグルチニン)
シアル酸
糖たんぱく質

図52　レクチンは糖たんぱく質の糖鎖を認識し、結合する。(A) はその模式的イメージ。(B) はレクチンの一種、インフルエンザウイルスの「ヘマグルチニン」の作用

ていいほどどこかに存在している。一方の糖鎖を他方のレクチンが認識することで、コミュニケーションがうまくいき、その結果、生物の発生においては正常な細胞の分化が起こるし、免疫反応においては、リンパ球の移動、組織への正常な局在化が起こるのである。

私たちヒトにとって最も身近にして、〝憎むべき〟レクチンとして、インフルエンザウイルスが持っている「ヘマグルチニン」がある。インフルエンザウイルスがこのレクチンを介して、私たちの細胞表面にある糖鎖を「選別し」、それを手がかりにして感染してしまうからだ（図52）。

私たちの体のしくみにおける糖たんぱく質の重要性は、レクチンの存在なくして語ることはできないが、そのレクチンの存在が、一方では私たちを毎年のように苦しめているとは、何たる皮肉なことであろう。

リン酸化されるたんぱく質

糖たんぱく質における糖は、やたらにつけられたりはずされたりするようなものではなく、いったんつけられたらしぶとくつけられたまま、その与えられた役割を果たすよう運命づけられている（最近では、つけられたりはずされたりすることが、そのたんぱく質のはたらきに何らかの意味を持つような糖質の存在も知られている）。

これに対して、たんぱく質にやたらにつけられたりはずされたりするような〝装飾品〟もある。しかもそれは必ずしも「めったやたら」なのではなく、「つけられること」に重大な意味があり、また「はずされること」にも重大な意味がある。

その代表的な〝装飾品〟が、「リン酸」である。

リン酸は、リンの原子（P）に、酸素原子（O）が四分子結合した状態の原子の塊で、「酸」という名前のとおり、マイナスの電気を帯びている。

この〝装飾品〟としてのリン酸は、「エネルギーの共通通貨」として知られるATP（アデノシン三リン酸）の三つあるリン酸の一つに由来する。すなわちこのリン酸が、たんぱく質のセリン、トレオニン、チロシンなど側鎖に「OH基」を持つアミノ酸残基に結合し（図4も参照）、ATPの方はリン酸を一個失ってADP（アデノシン二リン酸）となる。これが「たんぱく質のリン酸化」と呼ばれる現象である（図53）。

これによって、リン酸化されたたんぱく質の形が変化し、そのはたらきが活性化されたり抑制されたりするのである。

本章第二節でご紹介した、細胞内情報伝達にかかわるたんぱく質がとった方法が、まさにこのたんぱく質のリン酸化である。

相手のたんぱく質をリン酸化することにより、そのたんぱく質を活性化する。すなわち〝目覚めさせる〟のである。すると、目覚めたたんぱく質がさらに次のたんぱく質をリン酸化し、その

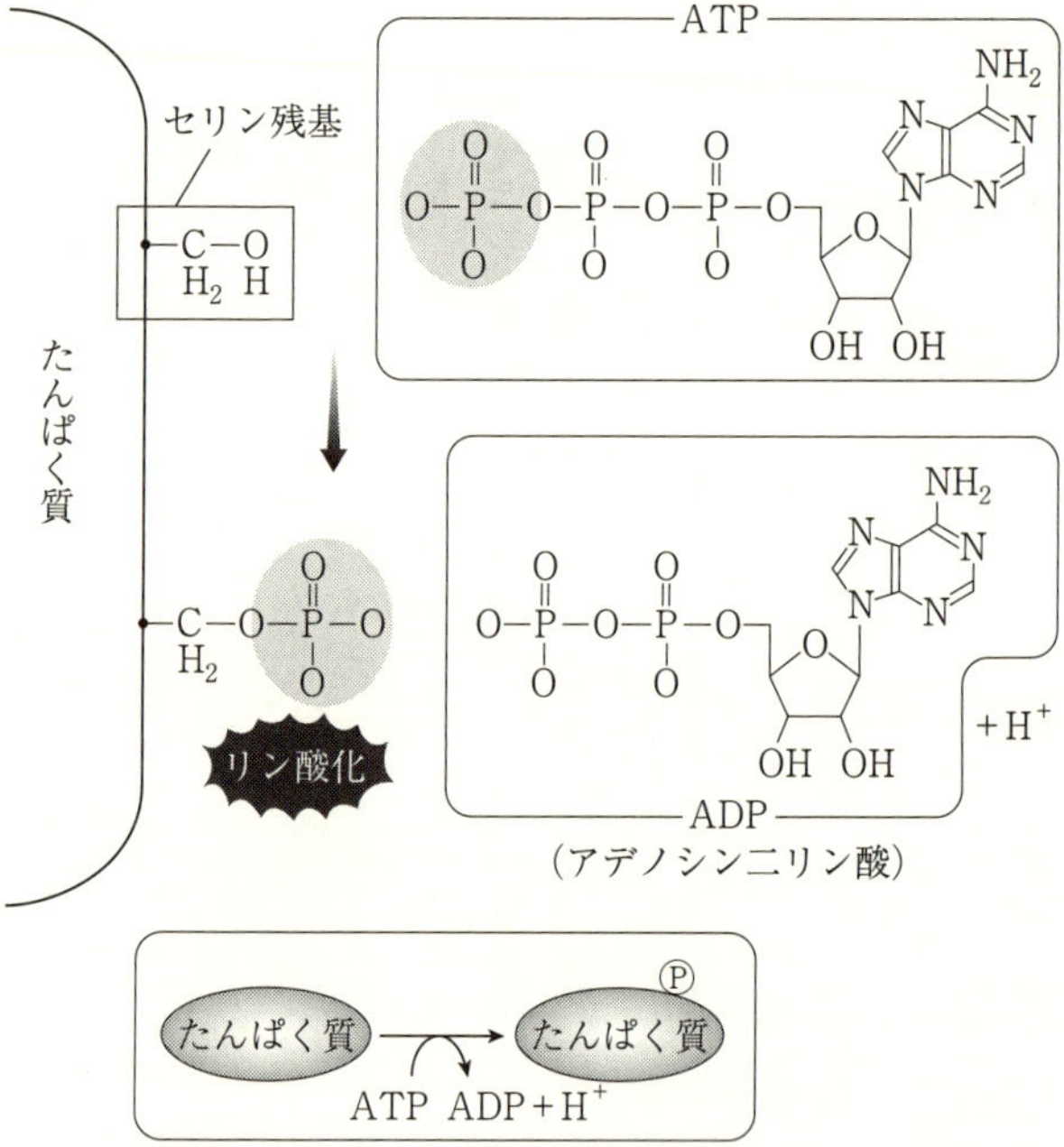
ATP
セリン残基
たんぱく質
リン酸化
ADP
(アデノシン二リン酸)
+H+
たんぱく質
たんぱく質
ATP ADP+H+

リン酸は、ATP(アデノシン三リン酸)の末端のリン酸がはずれて、たんぱく質のセリン、トレオニン、チロシン残基の「OH基」につけられる。

図53　たんぱく質のリン酸化

たんぱく質もまた活性化される。細胞内情報伝達においては、たんぱく質リン酸化があたかも落下する水が岩にぶちあたって何本もの滝筋（カスケード）へと分かれていくように、その反応が広がりながら進行していくのである。これを「リン酸化カスケード」という。

細胞の増殖をコントロールしているのも、じつはこの「たんぱく質のリン酸化」であるが、たんぱく質のリン酸化について語り始めると、紙面がどれだけあっても足りないので、詳細は成書にお任せする。ただし、第四章第一節ではもう少しだけ詳しくご紹介しよう。

第五節　たんぱく質の「死」

いったん作られたたんぱく質は、はたしてどれくらいの命を保つのだろう。

私たち動物に寿命があるように、たんぱく質にも寿命がある。ＤＮＡとは違い、たんぱく質は必要な都度作られ、細胞や個体のためにはたらく分子だからである。親の細胞から子の細胞へ、安定して〝遺伝〟するのはＤＮＡに任せておけばよい。

たんぱく質は細胞にとって極めて重要な機能の担い手である。たくさん使えば、どこかにガタが生じてくる。第二章第四節でもご紹介したように、たんぱく質というのは、一次構造としてのポリペプチドが、分子シャペロンなどのはたらきによってフォールディングしてできる。たとえてみると、コンクリートのブロックのような〝硬い〟ものではなく、スポンジのように〝やわらかい〟ものなのだ。たんぱく質も、使っていくうちに、どこかの形がおかしくなったりして古くなってくるのかもしれない。古くなってくると、正常なはたらきをすることができなくなり、そのまま放っておくのは細胞にとってよろしくない。

たんぱく質は、基本的には使い捨てなのだ。古いものは壊し、新しいものを作っていった方がいい。

もちろん、たんぱく質の種類によって、その命の長さは大きく異なる。わずか数十秒しか持たないものもあれば、数ヵ月にわたって機能し続けるようなたんぱく質もある。

ユビキタスなユビキチン

「ユビキタス」という言葉を最近、よく耳にする。

ユビキタスとは、「同時にいろんなところに存在する」という意味の形容詞である。

細胞の中にも、そうしたたんぱく質が存在し、〝ユビキタス〟に存在するたんぱく質という意味で、「ユビキタス」の末尾をたんぱく質を表す「～in」という形に変えて「ユビキチン」と命名された。

たんぱく質や遺伝子の命名には、一定の法則のようなものがあり、ユビキチンのように、たんぱく質の場合は「〜in」（小さなもの、小さな粒子というような意味）という語尾がついた名前になる場合（アクチン、ミオシンなど）が多い。しかしそれ以外の、名前の〝本体〟の部分などは、ある程度研究者の裁量に任せられる。

ユビキチンも、もし最初からその役割がはっきりとわかっていれば、「ユビキチン（ユビキタスなたんぱく質）」などといった〝場当たり的な〟（失礼！）名前は付けられなかったかもしれない。

現在わかっているユビキチンの重要なはたらきは、細胞内の他のたんぱく質が分解されるための〝目印〟になる、というものである。

そのためにユビキチンは、まさにその名の由来のとおり、すべての真核生物の細胞内に広く、至るところに存在していて、いつでもたんぱく質分解の〝目印〟として使われるべく、待機させられているらしい。

たくさんひっつくユビキチン

ユビキチンは、分解される運命にあるたんぱく質の〝目印〟になるぐらいだから、それ自身は非常に小さく、わずかに七六個のアミノ酸からしかできていない（特にこれまで話をしてこなかったが、このアミノ酸の数は、たんぱく質の中でも小さい部類に入る）（図54）。

では、この〝プチ・たんぱく質〟であるユビキチンは、いったいどのようにして、分解される運命にあるターゲットのたんぱく質の〝目印〟になるのだろうか。

ユビキチンがターゲットたんぱく質に対して、「お〜い、こっちだよ〜」と解体工場へ誘導するのだろうか？　それともその逆で、ユビキチンが解体工場に対して、「ほら、コイツだよ」というう具合に、ターゲットたんぱく質をソレとわかりやすく標識するのだろうか？

平たくいえば、後者だ。

ユビキチンは、ターゲットたんぱく質の「リジン」というアミノ酸残基に結合するのである。

とはいえ、たった一個のユビキチンが結合しただけでは〝目印〟にはならない。

ターゲットたんぱく質の「リジン」残基に結合したユビキチンには、さらに別のユビキチンが、まるで先のユビキチンにオンブでもするかのように結合する。さらにそのユビキチンにも、「親ガメの上に子ガメ、子ガメの上に孫ガメ」的に、別のユビキチンがまた、オンブするかのように結合する。そしてさらに、孫ガメの上には曾孫（ひまご）ガメ、曾孫ガメの上には玄孫（やしゃご）ガメ、という具合にユビキチンが連なって結合していく。

分解されるべきたんぱく質は、ユビキチンが一個結合するだけでは分解されないという、強力な〝セーフティーネット〟によって、ぎりぎりまで保護されるのである。最低でも四個のユビキ

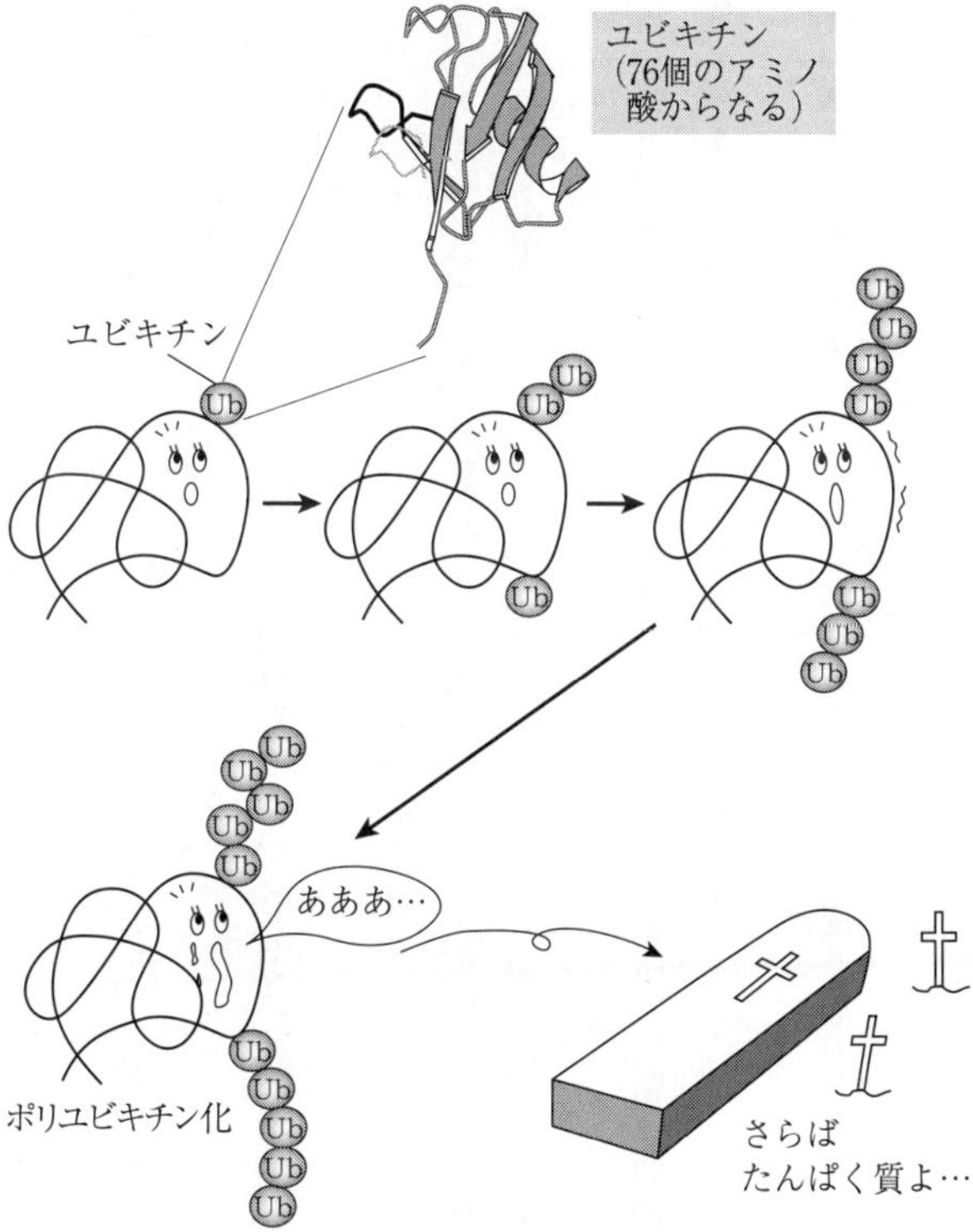
ユビキチン
(76個のアミノ
酸からなる)
ユビキチン
Ub
ああぁ…
ポリユビキチン化
さらば
たんぱく質よ…

図54　ユビキチンとたんぱく質のポリユビキチン化（最上図出典：図10と同、ただし634頁）

チンが結合することが分解には必要らしいことがわかっている。大切なたんぱく質をそう簡単に分解するわけにはいかないのだ。

こうして、たんぱく質の表面に、たくさんのユビキチンの鎖（ポリユビキチン）が結合した状態になる（図54）。

この「ポリユビキチン」こそが〝目印〟であり、ポリユビキチン化されることが、たんぱく質にとって、まさにその〝死〟への序曲となるのだ。

では、そもそもどういうたんぱく質が「分解すべき」と決められるのか。N末端のアミノ酸の種類がたんぱく質の寿命に関係するとか、「PEST配列」という特殊なアミノ酸配列を持ったんぱく質が分解されやすい、といったことは知られているが、その決定がどう仕組まれているのかについては、あまりわかっていない。

ただ、ユビキチンが死への〝目印〟となるのは、細胞の増殖に関係するたんぱく質など、比較的寿命が短い、すなわち代謝回転の速いたんぱく質であると考えられている。

ユビキチン・プロテアソームシステムによるたんぱく質の分解

筒に始まり、筒に終わる。

ユビキチンのターゲットとなるようなたんぱく質の誕生と死は、まさにこの表現に尽きるといってても過言ではないかもしれない。

たんぱく質が作られるとき、分子シャペロンと呼ばれる装置によって、適切なフォールディングがなされるしくみを第二章第四節でご紹介した。分子シャペロンの中でも「グロエル君」は、まさに筒状の物体であった（図30参照）。これを仮に〝ゆりかご〟と表現するとしよう。〝ゆりかご〟が筒状なら、たんぱく質の〝棺〟もまた筒状なのである。

たんぱく質の〝棺〟の正体は、「プロテアソーム」という巨大な、これまたそれ自身がたんぱく質でできた分解装置である。棺というよりも、たとえとしては〝死刑執行人〟が最適であるのかもしれないが、当たり障りのないように、ここでは〝棺〟としておこう（図55）。この〝棺〟も、先ほどの〝目印〟であるユビキチンと同じく、やはり細胞の中にいつもどこかに存在して、死への〝目印〟がつけられたたんぱく質がやってくるのを、待ち構えている。

プロテアソームは、そのはたらきの中心となる「20S触媒ユニット（棺）」の両端に、二個の「19S調節ユニット（フタ）」が結合した格好をしている。

この棺は、七個のサブユニットが環状に並んだ、これもまた「グロエル君」のように〝ドーナツ〟的なものが四個つながって、筒状の構造を呈したものである。

ポリユビキチンという死への〝目印〟がつけられたたんぱく質は、まずはフタの方に、ポリユビキチンを介して結合する。すると、じつはこのフタは単なるフタではなく、棺の内部にポリユ

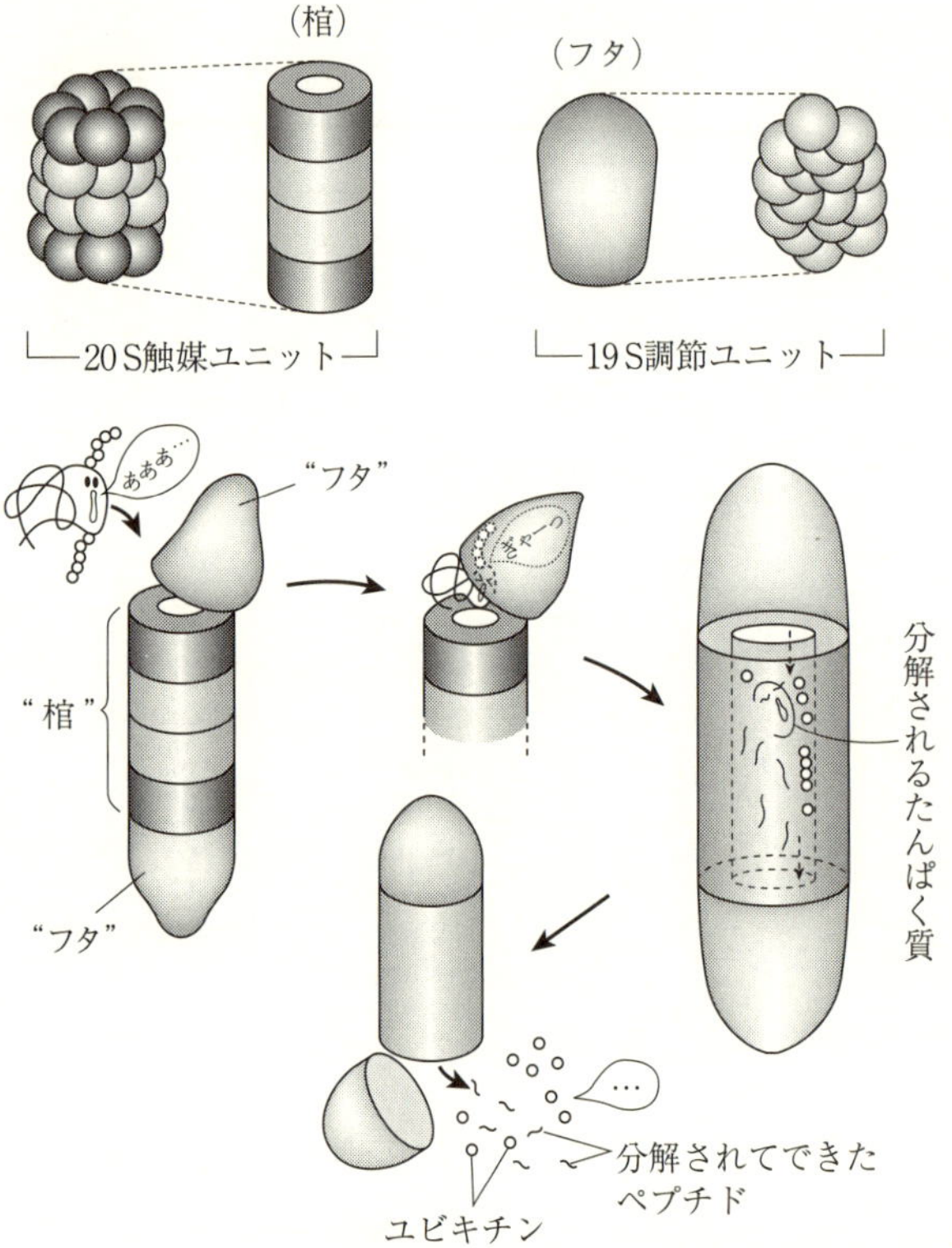
（棺）
（フタ）
20S触媒ユニット
19S調節ユニット
あああ…
“フタ”
“棺”
“フタ”
ぎゃーっ
分解されるたんぱく質
…
分解されてできたペプチド
ユビキチン

図55　ユビキチン・プロテアソームシステム。あくまでもイメージである。たとえば、〝フタ〟が開いて中に入っていくというよりも、本文にあるように実際はもっと複雑な立体構造の変化により、ポリユビキチン化されたたんぱく質はプロテアソームの〝棺〟の中に入っていく

ビキチン化たんぱく質を押し込んでいくために、ポリユビキチン化たんぱく質の形をややほぐしたり、樽そのものを押し広げるようにして、ポリユビキチン化たんぱく質が中に入っていきやすいように整えるという、非常に重要なはたらきをする（図55）。

そして、樽の中に入ったポリユビキチン化たんぱく質は、樽のたんぱく質が持つたんぱく質分解酵素としてのはたらきによっていくつかのペプチド断片にまで分解され、やがて外へと排出される（図55）。このとき、ポリユビキチンも切り離され、再びユビキチンとなり、こちらは再利用される。

そうして放出されたペプチド断片は、やがてアミノ酸にまで分解され、アミノ酸プール（第二章第二節参照）の一員となって、次の出番を待つのである。

たんぱく質を分解する仕組みは、このユビキチン・プロテアソームシステム以外にも存在するが、結局のところ、たんぱく質が〝死ぬ〟といっても、それは分解されてアミノ酸になるというだけの話である。アミノ酸にまでばらばらにされ、アミノ酸プールの一員となり、それがまた次のたんぱく質の材料となったり、エネルギー源として使われたりする。

決して、その〝死〟は無駄にはならないのである。

「糸巻き」のようなたんぱく質

このたんぱく質は、ＤＮＡや遺伝子関連の本にはほぼ例外なく登場する〝有名人〟である。

小見出しのとおり、それ自身が「糸巻き」のように振る舞うわけだが、それでは糸巻きの「糸」に該当するものとは何か？

生物の体の中で「糸」のように表現されるもの。糸のように長いもの。こんがらがりそうで、こんがらがらず、それでいてきちんと機能を果たそうとしているもの。ＤＮＡである。

このたんぱく質は、ＤＮＡを糸巻きのようにして自分の体に巻きつけた状態で、細胞の核の中に存在しているのだ。その名を「ヒストン」という。

正確にいえば、ＤＮＡを巻きつける〝糸巻き〟としてはたらくのは、四種類のヒストンが二個ずつ、合計八個集まった状態のもので、その名のとおり「ヒストン八量体」と呼ばれている「たんぱく質たち」である（図56）。

この糸巻きに、ＤＮＡはおよそ二周巻きついている。したがってＤＮＡ全体としては、ＤＮＡが二周巻きついたヒストン八量体、すなわち「ヌクレオソーム」が、さらに数珠つなぎにつなが

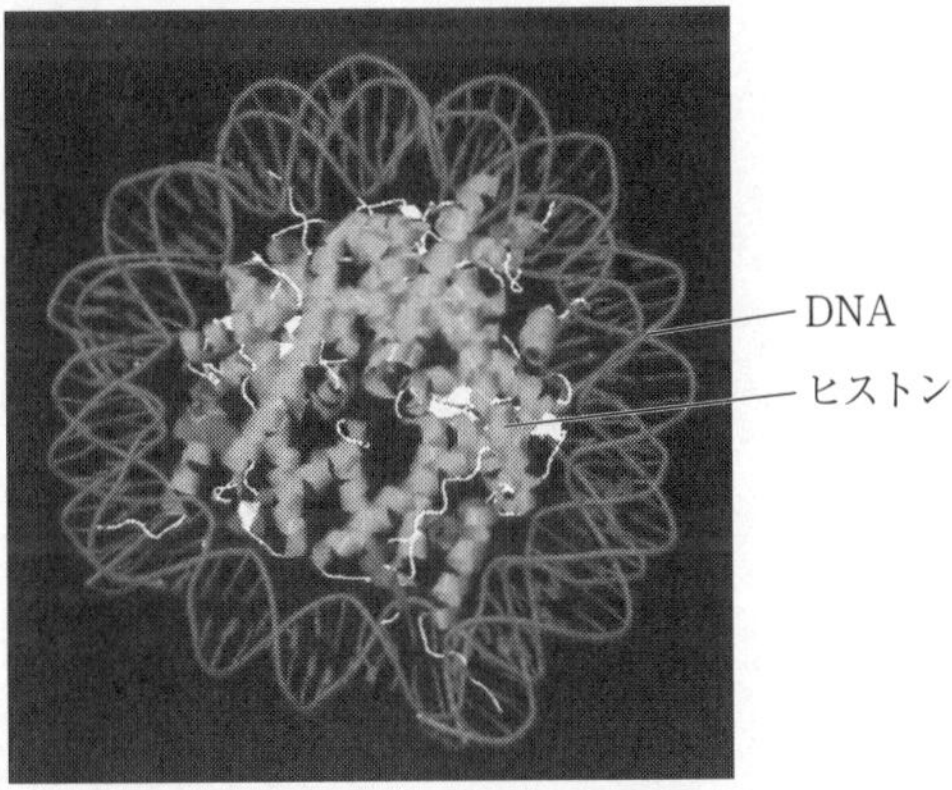
DNA
ヒストン

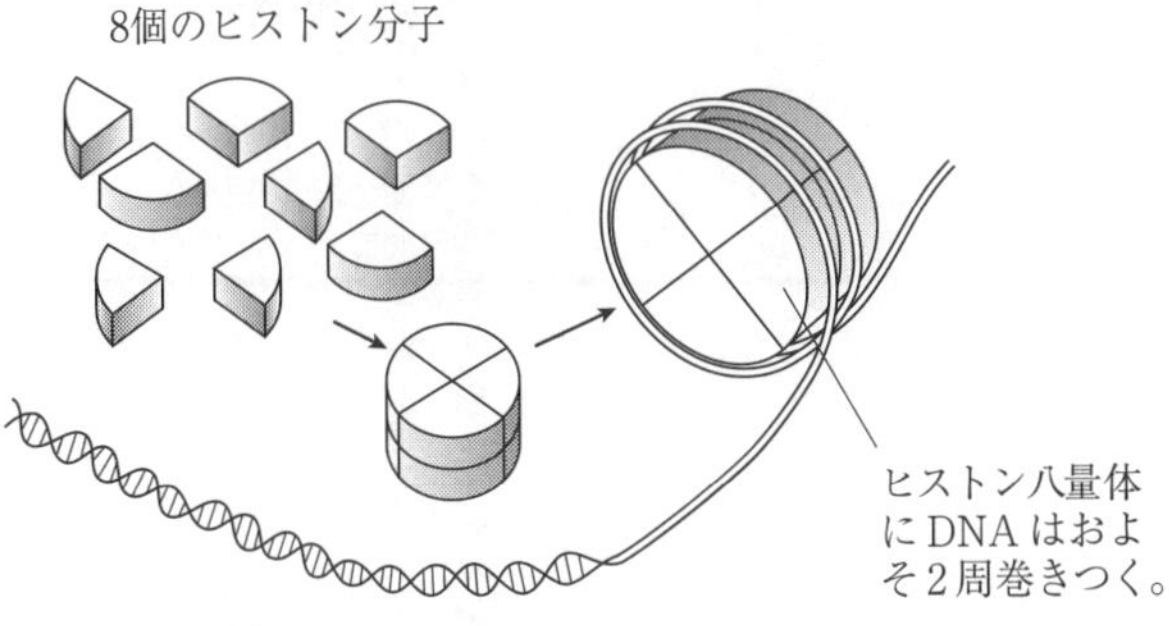
8個のヒストン分子
ヒストン八量体
にDNAはおよ
そ2周巻きつく。

図56　「糸巻き」たんぱく質（上図出典：図13上図と同）

った格好となり、細胞の核の中に折り畳まれて存在していることになる。これが「クロマチン」であり、「染色体」の本体である。

ヒストンは、リン酸化、メチル化、アセチル化など、さまざまな修飾がなされる複合たんぱく質の一種である。こうした修飾が、そこに巻きついているDNA周辺の遺伝子の発現のコントロールに利用されていることが知られている。

まさに「糸巻き」の名にふさわしいたんぱく質であるといえるだろうが、ヒストンは、単なる糸巻き以上のはたらきもしているのである（詳しくは第五章第一節参照）。

第四章　たんぱく質の異常と病気

〜よくも悪くも、たんぱく質はいろいろな場所で存在感を発揮している〜

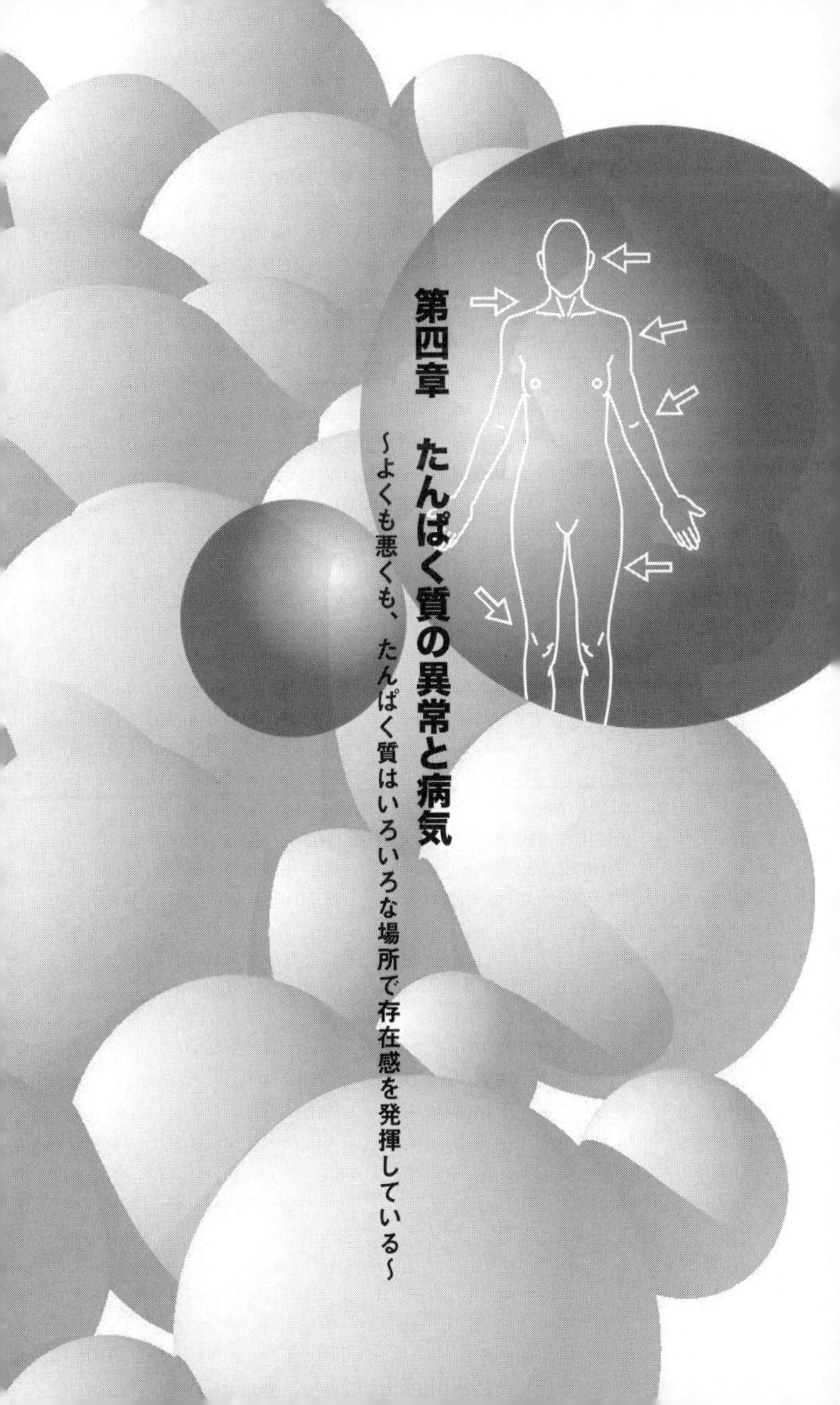

第一節　がん細胞におけるたんぱく質の異常な振る舞い

細胞の活動は、多くの種類のたんぱく質が縦横無尽にはたらくことによって成り立つ。何千、何万種類もあるたんぱく質が、それぞれに与えられた役割を正常に、秩序立って果たしていくからこそ、細胞は正常でいられるのである。ということは、「正常ではない」細胞では、たんぱく質に何らかの異常事態が起こっているともいえる。たとえば「がん細胞」などのように。

がん細胞とはすなわち、今や私たち日本人の死亡原因の第一位を占めている「悪性新生物」、すなわち「がん」の本体だ。

がんは、古代ギリシャの時代からすでにその存在が知られていたが、長い間その原因についてはブラックボックスであった。二〇世紀になってようやく、がんはＤＮＡの異常によって正常な細胞が〝がん細胞〟と化し、私たちを死に至らしめることが判明した。

とはいえ、この表現は適切なアナロジーであるとはいえない。私たちがかかる病気は、もちろん不治の病はあるけれども、たいていはどうにかすれば治ってしまうものである。ところが、細胞ががん細胞と化す際にかかってしまうこの〝ＤＮＡの病気〟は、ほとんどの場合、決して治ることはないからだ。

プログラムがおかしくなる

パソコンの調子が悪くなったとき、あなたはどうするか。

今どき、その大きな手で「バンッ!!」と叩いて「あ、直った……」ということはまずないだろうが、全くないわけではない。電気回路がややズレていて、物理的衝撃を与えることで運よく元に戻る、という可能性を否定することはできまい。

しかし、多くの場合、パソコンを叩いても不具合は直らない。なぜなら、パソコンの調子を下げる要因は、システムに負荷がかかりすぎたりするなど、パソコン内部に問題があることが多いからだ。あるいは、コンピューターウイルスによってプログラムが破損するなどといった、パソコンの〝DNA〟上に生じた不具合である可能性も高い。

プログラムが〝病気〟になるとパソコンが正常に動作しなくなるのと同じように、DNAが〝病気〟になると細胞も正常に動作しなくなる(可能性が出てくる)のである。

DNAの病気とは、平たくいえばDNAの永続的な塩基配列の変化、すなわち「突然変異」のことである。

たとえば、次のようなDNAの二本鎖があるとする。AとT、GとCがペアになるように二本鎖が作られている。

ATGGTGTAATGTG
TACCACATTACAC

このDNAの、たとえば上から三番目の塩基対（GとCのペア）が、何らかの原因によって次のようなAとTのペアになった場合、これを「点突然変異」という。

ATAGTGTAATGTG
TATCACATTACAC

ほかにも、複数の塩基対がまるごと変化したり、なくなってしまったり、新たに増えてしまったり、またもっと大きなレベルで染色体のある部分がまるごとなくなったり、重複したり、別の染色体の部分と入れかわったりするようなDNAの変化も、突然変異に含まれる。

こうした突然変異が原因となり、正常細胞はがん細胞へと変化してしまうと考えられている。

がんたんぱく質

突然変異は、DNAのどの塩基配列の部分にも起こり得る。紫外線や化学物質などの外的要因や、複製エラーなどの内的要因によって、ランダムに起こるのだ。

したがって、遺伝子、すなわちたんぱく質の設計図となっている部分にも起こり得るわけである。

設計図部分に突然変異が起これば、おそらくかなりの確率で、アミノ酸配列に変化が生じる。その変化が、そのたんぱく質に対してよくない影響を及ぼすと、またそのたんぱく質が、細胞のはたらきに極めて重要な役割を持っていたりすると、その細胞を「がん細胞」に変化させてしまう可能性が出てくる（図57）。

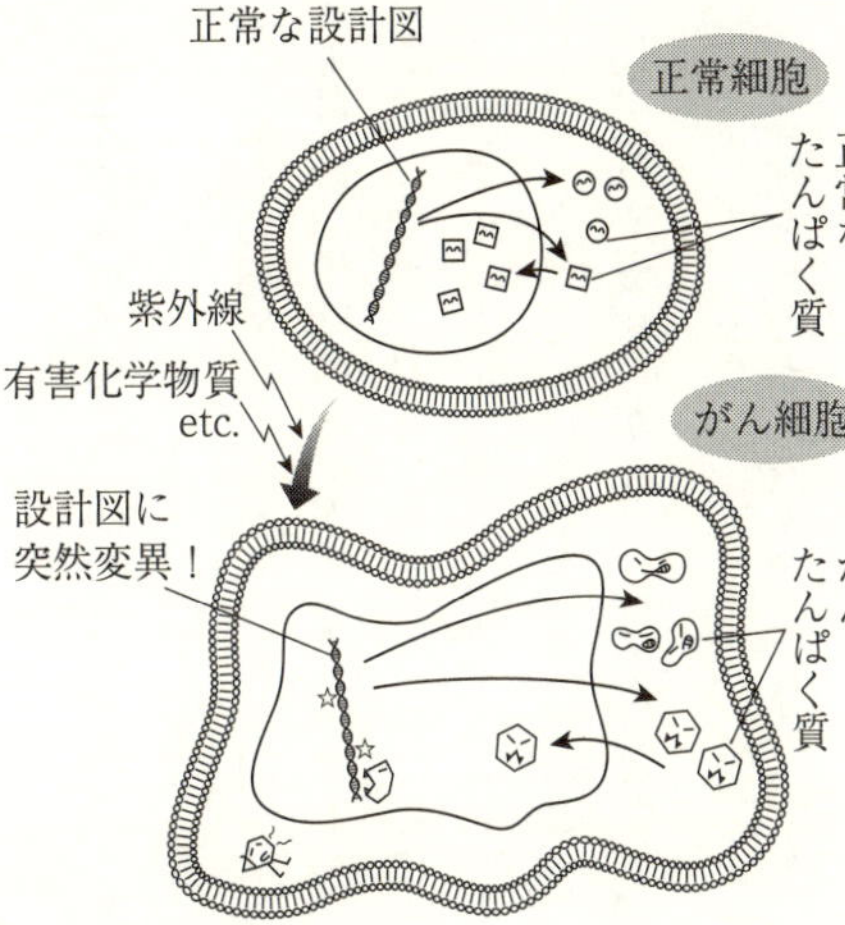
正常な設計図
正常細胞
正常なたんぱく質
紫外線
有害化学物質
etc.
がん細胞
設計図に突然変異！
がんたんぱく質
図57　がん細胞の発生

塩基配列に突然変異が起こることによって、それまで正常だった遺伝子は「がん遺伝子」になる。

そしてがん遺伝子が発現し、あるたんぱく質が作られる。あるがん遺伝子が、そのがんの原因だったとするならば、実際に〝悪さ〟をしているのはがん遺伝子ではなく、そこから作られたたんぱく質である。このようなたんぱく質のことを、「がん遺伝子産物」というが、なんとなくしかつめらしいので、ここでは「がんたんぱく質」と呼ぶことにしよう。

がんたんぱく質は、いったいどういう悪さをするのか

がんたんぱく質には、正常だったときには細胞の増殖をコントロールする管制官的なはたらきや、細胞の増殖をうながす実務者的なはたらきをしていたものが多い。

普段は、細胞の増殖がうまくいくよう、細胞を分裂させるために努力していたたんぱく質が、設計図が突然変異してしまったがために、あるとき突然キレて「がんたんぱく質」になる。

それまでは上司（細胞増殖をコントロールしているシステム全体）の言うことをきいて、分裂させるべきときには分裂させるけれども、分裂させてはならないときには決して分裂させなかったたんぱく質が、がんたんぱく質となり、上司の言うこともきかず、細胞を分裂させ続けてしまう。

よく知られたがんたんぱく質が、「Src（サーク）」、「Ras（ラス）」である。このがんたんぱく質のもともとの正常型は、両者とも、細胞膜の表面もしくはその近傍にあって、細胞の外からやってくる細胞増殖シグナル（細胞よ、増殖せよ！　というシグナル）を感知して、その情報を細胞の内側、つまり核に向かって伝えていく役割を持つ。もちろん、それぞれの細かい役割は異なるが、両者とも、細胞の外から細胞増殖シグナルがきちんとやってきたときだけ、細胞内にその情報を伝える（図58）。

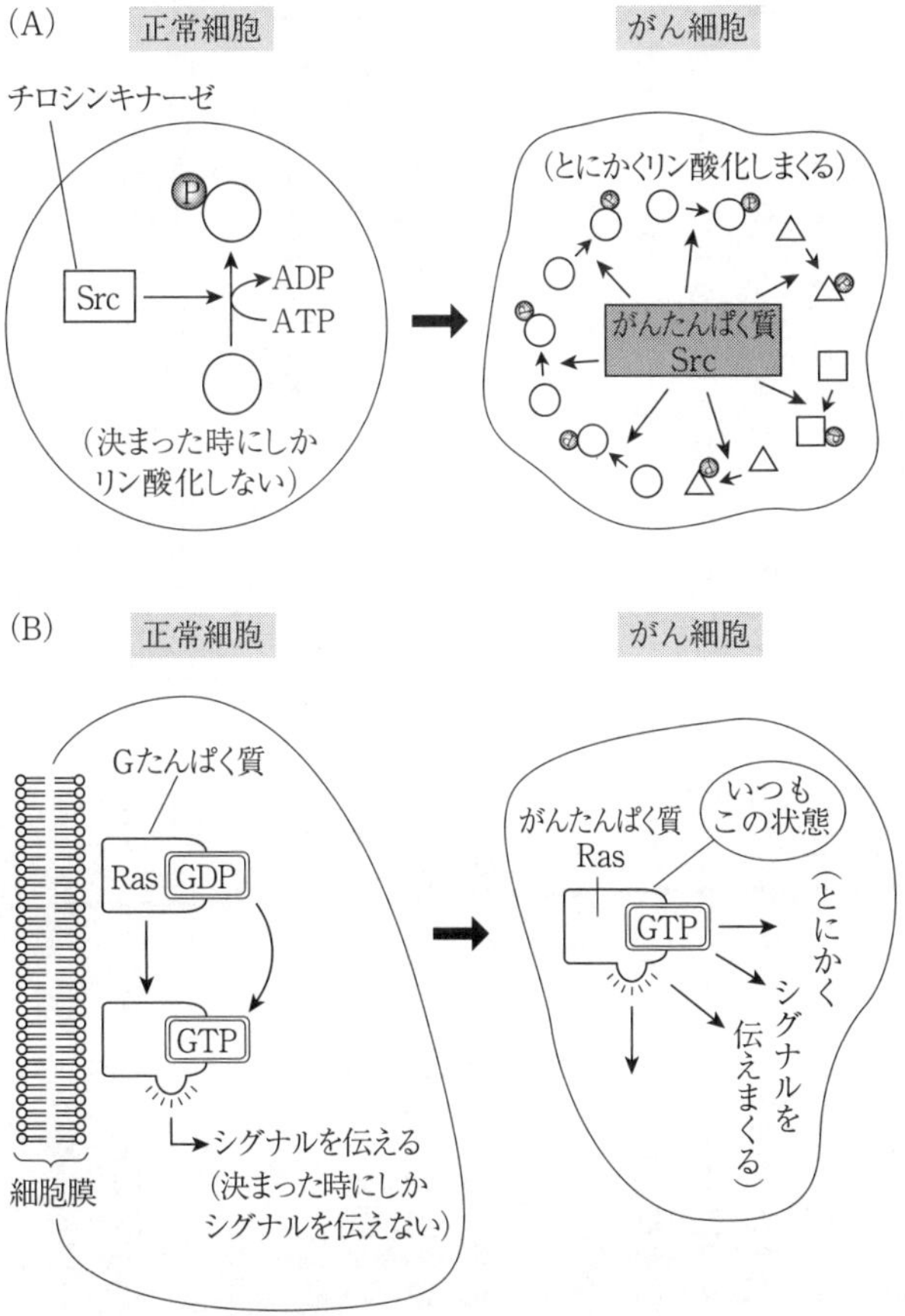
(A)
正常細胞
がん細胞
チロシンキナーゼ
P
Src
ADP
ATP
(決まった時にしか
リン酸化しない)
(とにかくリン酸化しまくる)
がんたんぱく質
Src
(B)
正常細胞
がん細胞
Gたんぱく質
Ras
GDP
GTP
シグナルを伝える
(決まった時にしか
シグナルを伝えない)
細胞膜
がんたんぱく質
Ras
いつも
この状態
GTP
(とにかく
シグナルを
伝えまくる)

図58　がんたんぱく質SrcとRas。(A) 正常型のSrcは相手のたんぱく質のチロシン残基をリン酸化する「チロシンキナーゼ」、(B) 正常型RasはGTP依存的にシグナルを伝える「Gたんぱく質」としてはたらいている

これら正常型の遺伝子が突然変異を起こすことにより、がん遺伝子*v-src*、*v-ras*が生じると、それから作られるがんたんぱく質Src、Rasは、細胞増殖シグナルがやってこないにもかかわらず、常に細胞内に「おおい、増殖シグナルがきたぞ~」とばかりに、細胞を増殖させる情報を伝え続けてしまうのである（図58）。

大量に作られたら一大事

たんぱく質本人には〝責任がない〟場合もある。たんぱく質自身は正常型なのに、それが極めて大量に作られてしまい、それが細胞のがん化を引き起こす、といった場合である。

「Myc（ミック）」というたんぱく質は、遺伝子発現をコントロールする「調節たんぱく質」の一種である。

Mycは、細胞を増殖させるようにはたらく遺伝子の発現をうながす役割がある（図59）。正常な細胞では、Mycは「Max（マックス）」たんぱく質と結合して、細胞増殖を引き起こす遺伝子の転写、すなわち発現をうながすが、その必要がなくなると、MycがMaxから離れ、今度は「Mad（マッド）」たんぱく質がMaxに結合し、転写を抑えるようになる（図59）。

ところがあるとき、地殻の大変動が起こる。それはあたかも、日本列島がフォッサマグナで分断され、東日本が朝鮮半島にくっつき、西日本が台湾にくっつくぐらいの大激変を引き起こす。

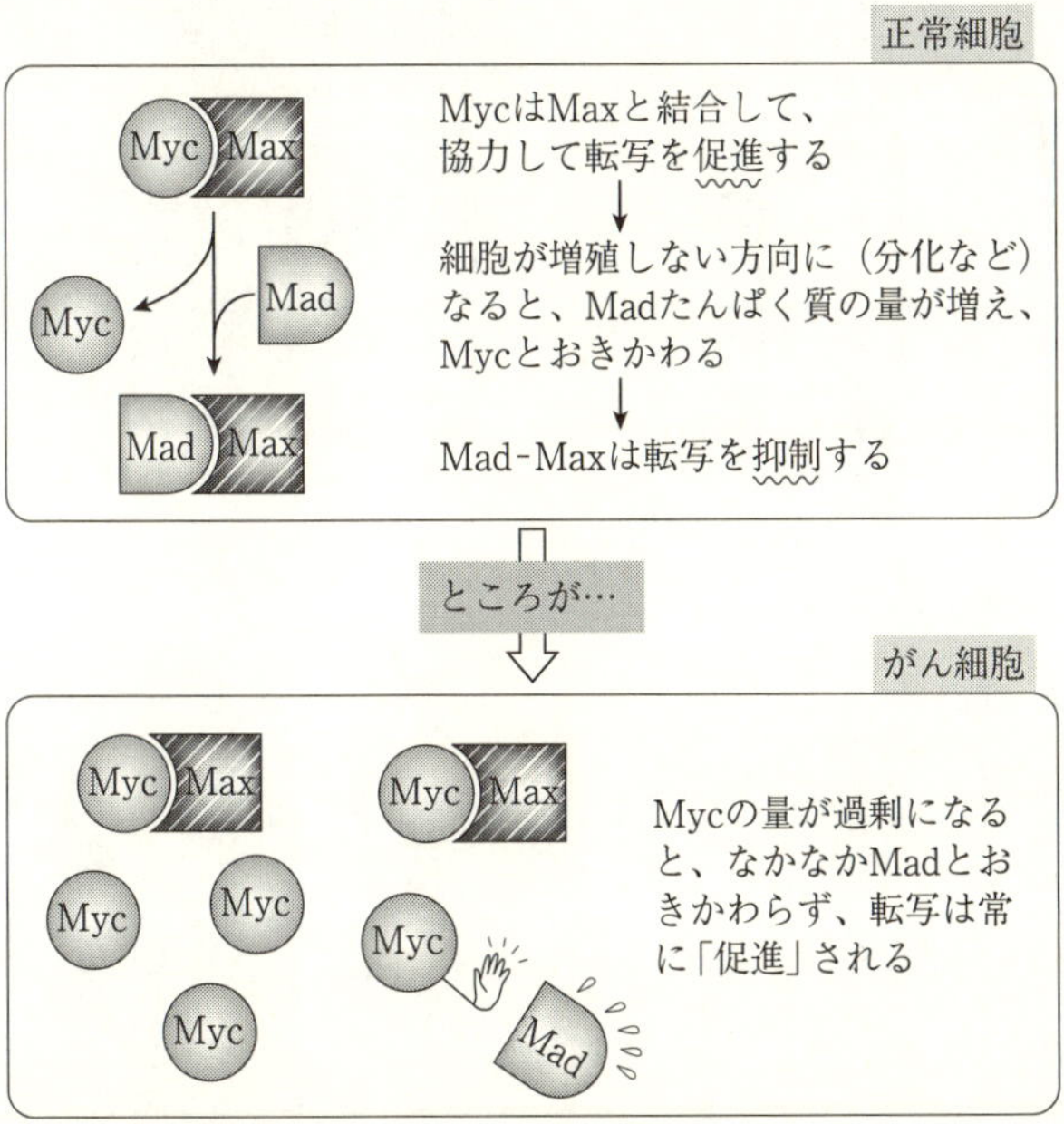
正常細胞
Myc
Max
MycはMaxと結合して、
協力して転写を促進する
Myc
Mad
細胞が増殖しない方向に（分化など）
なると、Madたんぱく質の量が増え、
Mycとおきかわる
Mad
Max
Mad-Maxは転写を抑制する
ところが…
がん細胞
Myc
Max
Myc
Max
Mycの量が過剰になる
と、なかなかMadとお
きかわらず、転写は常
に「促進」される
Myc
Myc
Myc
Mad
Myc

図59　多すぎるMyc

染色体の転座である。染色体の一部の領域が、どこか別の場所に（往々にして、別の染色体に）移動してしまう現象だ。

バーキットリンパ腫という白血病の一種で、この転座が見られる。

よく知られた例が、8番染色体からの〝荷物〟の中にあった*myc*遺伝子が、14番染色体の、リンパ球で強い遺伝子発現を起こしている抗体遺伝子部分と入れかわってしまうという場合であろう（図60）。

その結果、Mycたんぱく質がリンパ球の中でいつも大量に作ら

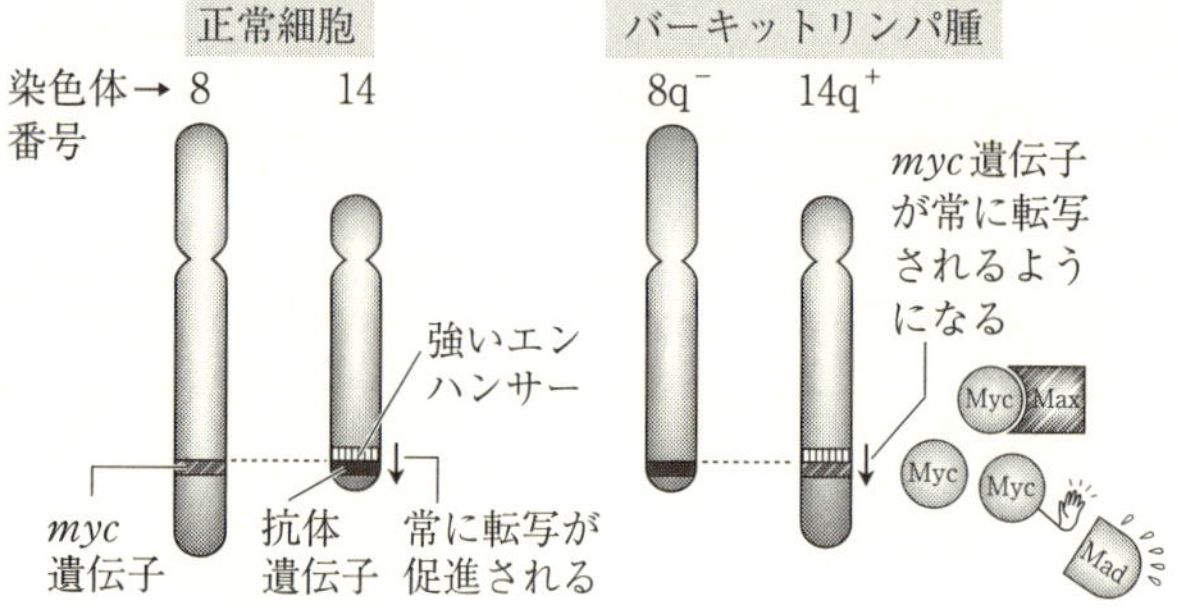
正常細胞
バーキットリンパ腫
染色体→ 8
番号
14
8q⁻
14q⁺
myc遺伝子
が常に転写
されるよう
になる
強いエン
ハンサー
myc
遺伝子
抗体
遺伝子
常に転写が
促進される
Myc
Max
Myc
Myc
Mad

図60　染色体の転座とMyc

れることになり、いくらMadたんぱく質が結合しようとしても、過剰なMycのために転写を抑えきれず、常に促進されるようになり、細胞が無限に増殖するようになってしまうのである（図60）。

「過ぎたるはなお及ばざるがごとし」とはよくいったもので、たとえ重要なはたらきをするたんぱく質でも、多すぎるというのは細胞にとってよくないのである。

細胞増殖の〝ブレーキ〟としてはたらくたんぱく質「Rbたんぱく質」は、細胞が分裂する一サイクル（細胞周期という）をうまく調節し、むやみに細胞周期が進まないように〝ブレーキ〟をかける役割を持つ。

細胞周期の〝エンジン〟としてはたらくのは、「CDK‐サイクリン」と呼ばれるたんぱく質リン酸化酵素たち（つまり、彼らもたんぱく質）である。複数のCDK‐サイクリンが分担して、細胞増殖にかかわる多くのたんぱく質をリン酸化（第三章第四節参照）していくことで、リン酸化されたたんぱく質が何らかの役割を果たすようになったり、逆にはたらきを失ったりする。

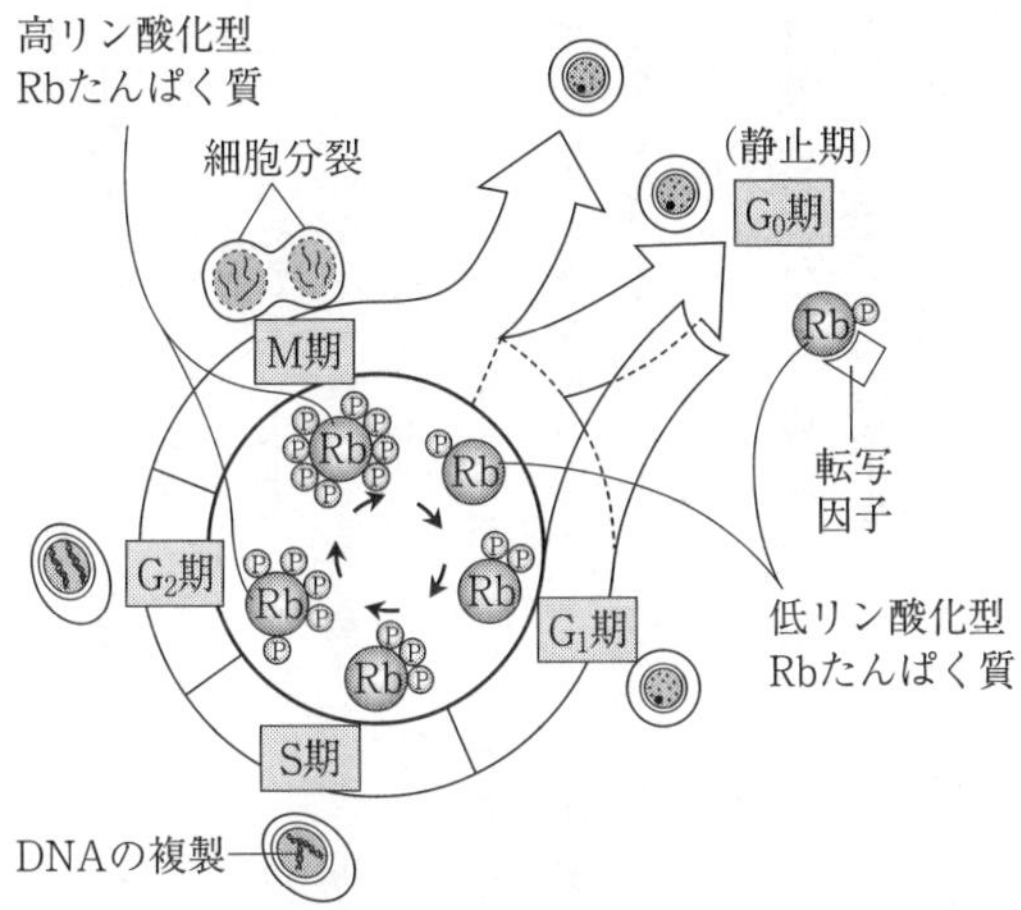
高リン酸化型
Rbたんぱく質
細胞分裂
（静止期）
G_0期
M期
Rb
P
転写
因子
G_2期
G_1期
低リン酸化型
Rbたんぱく質
S期
DNAの複製

図61　Rbたんぱく質と細胞周期

このCDK-サイクリンによってリン酸化されるたんぱく質の一つが、〝ブレーキ〟たんぱく質であるRbたんぱく質だ（図61）。

細胞が分裂にかかっていないとき（G_0期、もしくはG_1期）は、Rbたんぱく質はほとんどリン酸化されていないか、せいぜい一個程度のリン酸が結合した「低リン酸化」状態になっている。このとき、Rbたんぱく質は細胞が増殖するために必要な遺伝子の発現をうながす転写因子、すなわち「調節たんぱく質」とぴったり結合することで、そのはたらきを阻害し、〝ブレーキ〟としての役割を見事に果たしている（図61）。

ところが、細胞が分裂にかかると（G_1期以降）、複数のCDK-サイクリンが、順番にこの

Rbたんぱく質をリン酸化し始めるのである。
Rbたんぱく質は、リン酸化され始めると、徐々に〝ブレーキ〟としてのはたらきを失い始め、やがて阻害していた「調節たんぱく質」を〝釈放〟し始める。その結果、細胞は分裂へと突き進んでいく（G_1期～M期）。

細胞が分裂を終え、再び静止期（G_0期もしくはG_1期）に戻るころには、Rbたんぱく質に結合していたリン酸は、今度は「フォスファターゼ」と呼ばれるリン酸化を取り外す酵素のはたらきによってきれいに取り除かれ、Rbたんぱく質は元の「低リン酸化」状態に戻り、〝ブレーキ〟としてのはたらきを取り戻すのである（図61）。

Rbたんぱく質をコードする遺伝子は「がん抑制遺伝子」といわれるが、それは、Rbたんぱく質がこのように細胞増殖の〝ブレーキ〟としてはたらくからである。「Rb」という名は、Rbたんぱく質のはたらきの喪失が最初に見つかったがん、網膜芽細胞腫（レチノブラストーマ：retinoblastoma）に由来する。

現在までに、多くのがんでさまざまながん抑制遺伝子のはたらきの喪失が見つかっているが、本書では紙面の都合上、割愛させていただこう。詳細については成書をご覧いただければ幸いである。

第二節　ちょっとした傷が原因で　～たんぱく質の異常と病気～

これまで述べてきたように、アミノ酸配列は、たんぱく質にとって命綱である。アミノ酸配列のほんのわずかな違いが、たんぱく質を活かしもするし、殺しもする。そしてその先にある私たちの体を健康にもするし、病気にもする。死に至らしめる場合も少なくない。

この節では、そうしたアミノ酸配列の変化がたんぱく質全体に変化をもたらし、病気を引き起こしてしまう実例をいくつかご紹介していこう。

鎌状赤血球貧血症

高校生物の資料集にもたいてい載っている有名な事例が、ヘモグロビンというたんぱく質に関するものであろう。

赤血球の役割は、全身の細胞に酸素を供給することであるが、そのはたらきを担うのがヘモグロビンである。

ヘモグロビンに含まれる「ヘム」は、酸素分子が結合するための橋渡しをする分子であり、鉄を含んでいる。だから血というのは、いささか鉄っぽい味がする。ビルディングの最上部にあるヘリポートが、ヘリコプターが降り立つために不可欠な場所であるのなら、ヘムというのは、ヘモグロビンというビルディングに、酸素分子というヘリコプターが降り立つためのヘリポートだ。

ヘモグロビンはかくも大切なたんぱく質であるから、それが正常にはたらかないと貧血状態となる。事実、ある種の遺伝病に、ヘモグロビンの異常により貧血を起こしやすくなる病気が知られている。鎌状赤血球貧血症という病気である。

ヘモグロビン分子は、αグロビン、βグロビンという二種類のたんぱく質（サブユニット）が二個ずつ、合計四個が組み合わさって四次構造を形成している（図11も参照）。この四個それぞれのグロビンたんぱく質に、ヘムが結合する場所が一個ずつある。

鎌状赤血球貧血症では、この二種類のサブユニットのうちβグロビンたんぱく質が異常になる。

βグロビン遺伝子のある一ヵ所の塩基が別の塩基に置換（おきかわること）してしまったために、βグロビンたんぱく質のたった一ヵ所のアミノ酸残基（グルタミン酸）が別のアミノ酸残基（バリン）に置換してしまうのである（図62）。

たった一ヵ所のアミノ酸といってナメてはいけない。

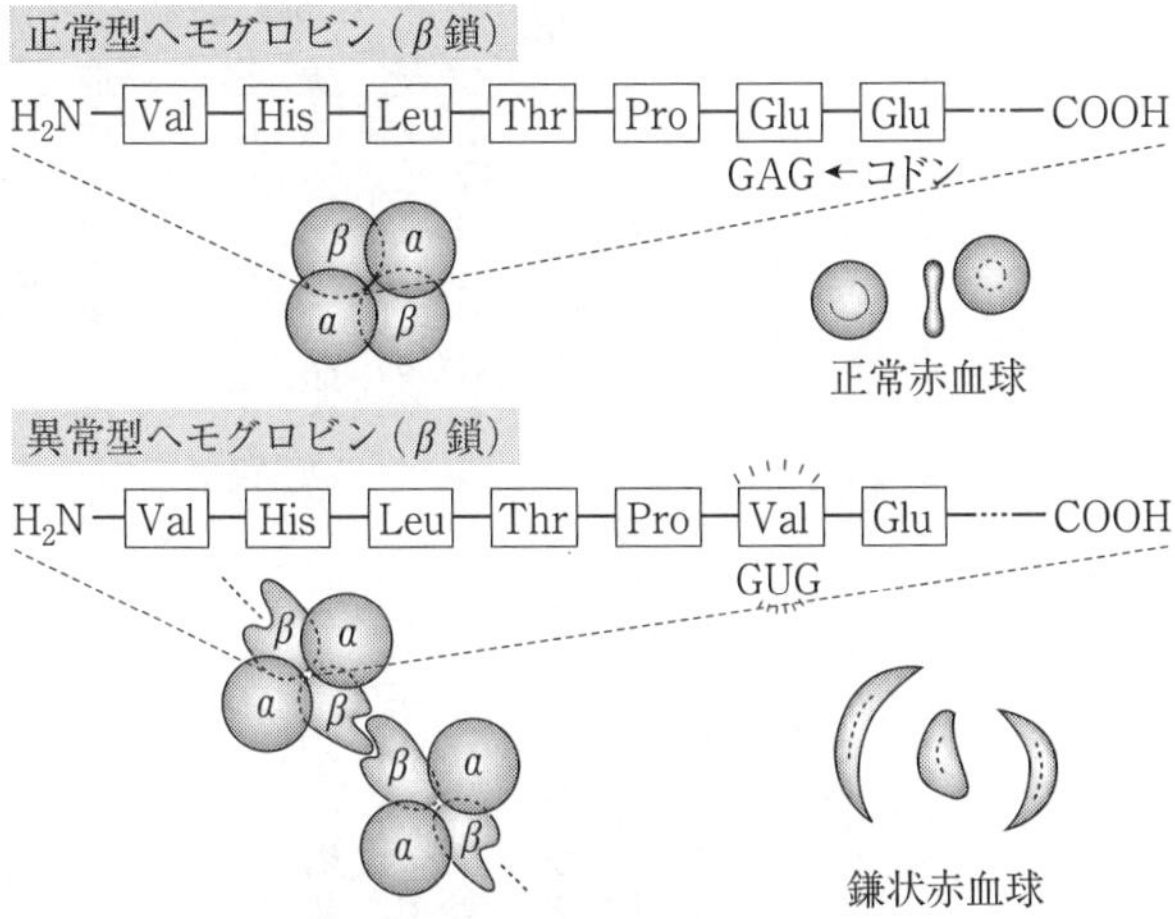

正常型ヘモグロビン（β鎖）
H2N Val His Leu Thr Pro Glu Glu COOH
GAG←コドン
β α α β
正常赤血球
異常型ヘモグロビン（β鎖）
H2N Val His Leu Thr Pro Val Glu COOH
GUG
β α α β β α α β
鎌状赤血球

図62　ヘモグロビンの異常と鎌状赤血球

このたった一ヵ所のアミノ酸のせいで、βグロビンたんぱく質全体の形が歪んでしまうのである。

その結果、驚くべきことに、βグロビンたんぱく質表面に新たな疎水性部分が生じ、これが隣接するβグロビンたんぱく質の疎水性部分と結合し（図12も参照）、やがて長い繊維状のたんぱく質の塊が作られてしまう。これは赤血球からすると大変なことである。

もちろん赤血球のキモチはわからないが、外見から判断しても、彼らがどうしようもなくパニックに陥っているであろうことは容易に想像できる。というのも、お多福顔だった赤血球の形が奇妙に、文字どおり「鎌の刃」のようにひん曲がってしまうからである（鎌状赤血球貧血症の名前の由来）。

その当然の帰結として、赤血球のはたらきは極度に低下する。そしてその持ち主には、極度の貧血をもたらすのである。

SNPとたんぱく質

鎌状赤血球貧血症は、たった一個の塩基の置換がアミノ酸の置換をもたらし、その結果として引き起こされるのだが、ある塩基が別の塩基に置換したからといって、必ずしもすぐに発症に結びつかないこともある。それどころか、病気とは関係ないところで、私たちの体のさまざまな特徴に、そうした塩基置換がかかわっている場合も多く知られている。

いちばんよい例は、耳垢(俗にいう〝耳くそ〟)に関する塩基置換であろう。

耳垢に、湿っている人と乾いている人の、二つのタイプが存在することはよく知られているが、二〇〇六年、日本の研究者が『ネイチャー・ジェネティクス』という学術誌に発表した論文で、この耳垢のタイプは、*ABCC11* という遺伝子内のある塩基がGであるかAであるかによって決まることが明らかとなった。

ABCC11 遺伝子から作り出される「ABCC11」たんぱく質は、ATPのエネルギーを利用して、物質をやり取りするたんぱく質であり、ABCCとは、「ATP-binding cassette transporter sub-family C」の略である。

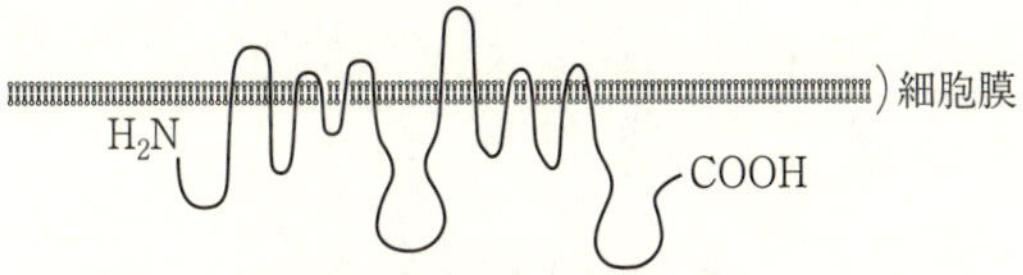
細胞膜
H_2N
COOH

ABCC11 たんぱく質は、細胞膜に埋めこまれていて、
物質のやりとりをする。

	AA	GA	GG	Aの頻度
日本人（長崎）	87（人）	35（人）	4（人）	0.829
モンゴル人	126	36	4	0.867
韓国人（大邱）	99	0	0	1.000
ベトナム人	82	60	11	0.732
台湾人	34	48	21	0.563
ボリビア人	5	14	11	0.400
ロシア人	5	45	62	0.246
ウクライナ人	0	15	27	0.179

図63　*ABCC11* 遺伝子とAのタイプを持つ人の地域別割合（出典：Yoshiura K et al., A SNP in the ABCC11 gene is the determinant of human earwax type, *Nature Genetics* 38, 324-330, 2006）

長崎大学の吉浦孝一郎らによるこの論文によると、*ABCC11* 遺伝子の、五三八番目のG（グアニン）が、A（アデニン）に置換したタイプを持っているか持っていないかで、乾いたタイプの耳垢を持つか、湿ったタイプの耳垢を持つかが決まっているという（図63）。アミノ酸配列では、一八〇番目のグリシンがアルギニンに変化することになる。

具体的には、その部分がGである遺伝子が優性であるために、両親に由来する二個の遺伝子のうち、Gを持つ遺伝子が一個でもあれば、湿ったタイプの耳垢になるという。Aに置換したタイプの遺伝子は劣性なので、二個ともAにならなければ乾いたタイプの耳垢にはならない。この、二個ともAを持つ乾いたタイプの耳垢を持つ人は、特に東アジアで多いようだ（図63）。

どうしてGを持つ遺伝子が一個でもあれば湿ったタイプになるのか、そのしくみはそれほど明らかになっているわけではないが、それはやがて、ABCC11たんぱく質のはたらきを究明していくことで明らかになるであろう。このたんぱく質は、細胞膜を貫通するようにして存在するたんぱく質である。図63のように、一個のポリペプチドが出たり入ったりして、細胞膜を一二回も貫通するように存在している。

このたんぱく質は、「transporter」という単語が含まれていることからもわかるとおり、物質の輸送をつかさどるたんぱく質であるために、その途中の構造が、上記のアミノ酸置換によって変化することにより、物質輸送能にも変化をきたす。

湿ったタイプの耳垢の成分は、アポクリン腺という、腋臭症（ワキガ）にもかかわる分泌腺から分泌されるとされており、おそらくその分泌メカニズムが、ABCC11たんぱく質の機能変化によって異常をきたし、乾いたタイプの耳垢となるのだろう。

この、耳垢のタイプにおけるGとAとの関係のように、ある集団の一％以上を占める一塩基置

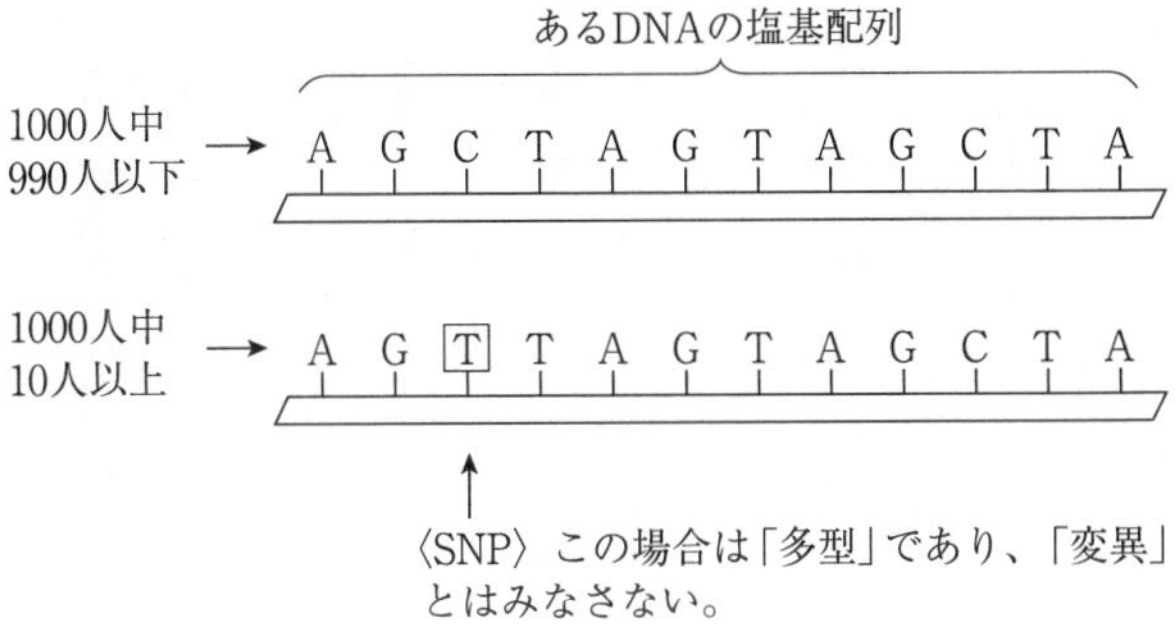
あるDNAの塩基配列
1000人中
990人以下
A G C T A G T A G C T A
1000人中
10人以上
A G T T A G T A G C T A
〈SNP〉この場合は「多型」であり、「変異」
とはみなさない。

図64　SNP

換が存在するとき、これを「変異」とはみなさずに「多型」とみなすという決まりがある。

こうした一塩基置換を「一塩基多型（single nucleotide polymorphism：SNP）」という。「いちえんきたけい」というのは長ったらしくて言いにくいので、「SNP」を「スニップ」と呼ぶのが一般的である（図64）。

つまり、一〇〇〇人のうち一〇人以上で、ある遺伝子のある部分の塩基Cが塩基Tなどに変わっていたら、それはスニップなのである。

現在までに多くのスニップが調べられており、ヒトゲノム、すなわち私たちヒトの一セットのDNAでは、一〇〇〇～二〇〇〇塩基に一個の割合で、スニップが存在すると考えられている。おそらくすべての人間が、何らかのスニップを持つと考えられ、これが私たち人間同士の個人差をもたらす大きな原因となっているのである。

生活習慣病におけるたんぱく質の異常　～倹約遺伝子の例～

お酒が飲める、飲めないを推定する指標として、アセトアルデヒド脱水素酵素（ＡＬＤＨ２）の遺伝子に見られるスニップはよく知られた事例である（第五章第一節参照）。このＡＬＤＨ２や耳垢にかかわる*ABCC11*遺伝子などは、その部分がスニップになっていても、すぐ命にかかわるような重篤な状態を引き起こすわけではない。

しかし、なかには病気を引き起こしてしまうスニップもある。とりわけ「生活習慣病」と呼ばれる一群の病気（かつては「成人病」と呼ばれていた）にかかわるものが有名だ。

たとえば、「ＰＰＡＲγ（ガンマ）」というたんぱく質を作る遺伝子のスニップが、糖尿病に関係していると考えられている。

ＰＰＡＲγとは、日本語で「ペルオキシソーム増殖活性化受容体γ」というワケのわからない名前を持つたんぱく質である。このたんぱく質は主に脂肪細胞に存在するたんぱく質で（実際には二つのタイプがあり、脂肪細胞で発現しているのはそのうちの一つ）、脂肪細胞の分化に重要な役割を果たしている。

人工的にＰＰＡＲγの量を減らしたマウスを作ると、このマウスに脂肪の多い食餌（高脂肪食）を与えても、体の脂肪の量はそれほど増えず、糖尿病の原因とされる「インスリン抵抗性」

（血糖値を下げる効果を持つインスリンを投与しても血糖値が下がらない状態）もそれほど生じない、という結果が報告されている。

ＰＰＡＲγは、脂肪細胞を作るだけでなく、インスリン抵抗性をもたらすものであって、言ってみれば糖尿病の原因を自ら作り出しているようなたんぱく質だったのである。おそらく、現代のような「飽食の時代」ではなかった大昔に、エネルギーの無駄遣いをせず、「倹約」するための対策として、こうしたはたらきをもつたんぱく質が作られるようになったのであろう（図65）。

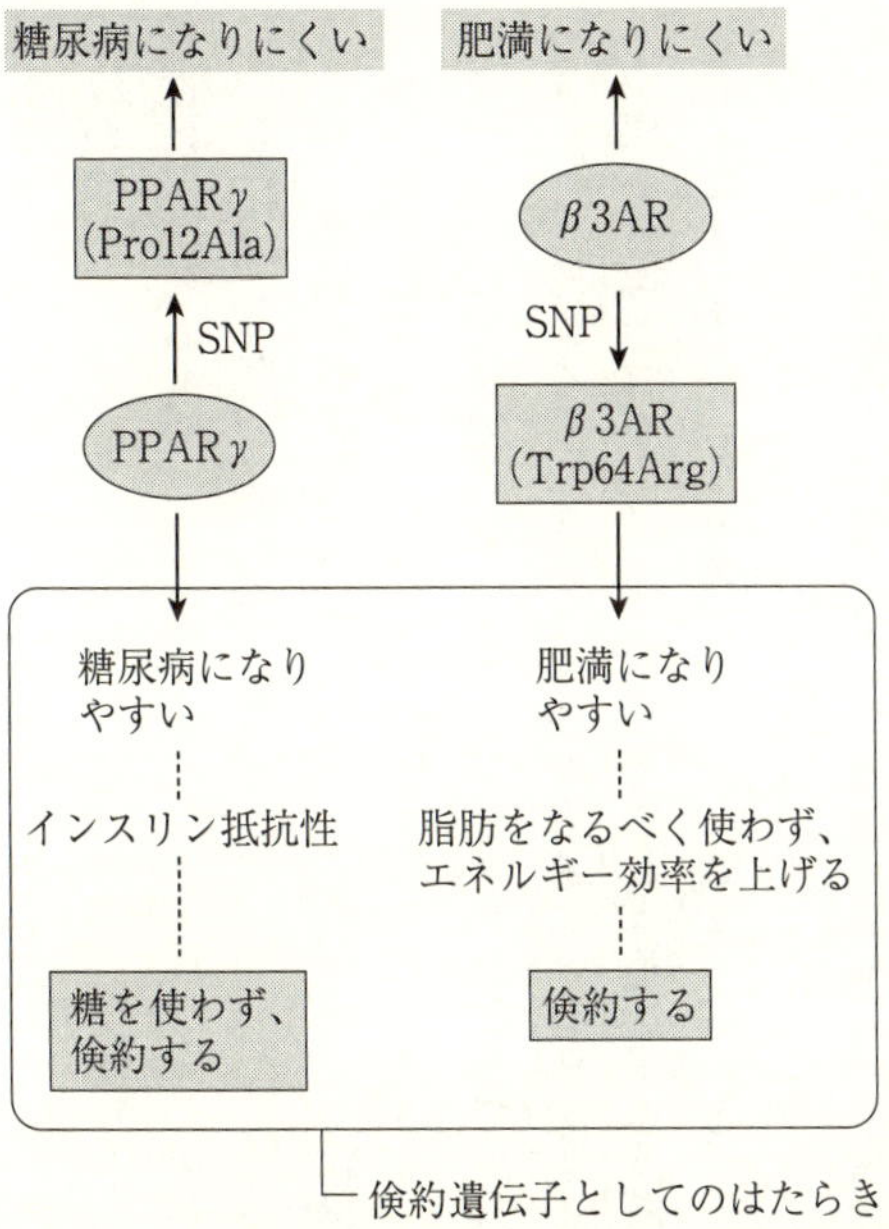
糖尿病になりにくい
肥満になりにくい
PPARγ
(Pro12Ala)
β3AR
SNP
SNP
PPARγ
β3AR
(Trp64Arg)
糖尿病になり
やすい
肥満になり
やすい
インスリン抵抗性
脂肪をなるべく使わず、
エネルギー効率を上げる
糖を使わず、
倹約する
倹約する
倹約遺伝子としてのはたらき
図65　倹約遺伝子としてのPPARγ、β3AR

このＰＰＡＲγ遺伝子にはスニップがいくつか知られているが、そのうち、一二番目のアミノ酸「プロリン」が、「アラニン」に変化するスニップがよく知られている。プロリンを持つタイプは、糖尿病のリスクが高く、アラニンを持つタイプは低いと考えられている（図65左）。

ほかにも、「β3アドレナリン受容体」と呼ばれるたんぱく質（β3AR）も、インスリン抵抗性にかかわるスニップ（Trp64Arg）を持つことが知られており、それをコードする遺伝子も「倹約遺伝子」の一つである（図65右）。

また、肥満や糖尿病だけではなく、心筋梗塞や骨粗鬆症（こつそしょうしょう）など多くの生活習慣病においても、原因となり得るスニップがいくつか見つかってきている。

このことは、原因となるスニップを調べることで、自分が将来、そうした生活習慣病にかかりやすいかどうかを判断することができることを意味する。

実際、スニップを調べる、いってみれば遺伝子を診断することによって、そうした病気の予防に役立てようという取り組みはすでに始まっている。

ただ、実際にたんぱく質を試験管の中で作ってみて、そのはたらきが異常かどうかまで調べることはしないだろう。たいていの場合、塩基配列を調べた時点で判定は終わる。塩基配列を調べれば、そこから作られるたんぱく質のアミノ酸配列を推定することができるし、遺伝子診断の対象となる遺伝子とそこから作られるたんぱく質の形やはたらきはすでによく研究され、わかっている場合が多いので、そのたんぱく質が正常であるか、異常であるかも「診断」することができるからである。

だから「遺伝子診断」といっても、実際のところはその遺伝子から作られるであろうたんぱく質を〝診断〟していることになる。

ただ、ある一個の遺伝子のスニップだけを調べて〝陽性〟の判定が出たからといって、すぐにあなたがその病気にかかることが「確定する」わけではない。なぜなら、その遺伝子が○○という病気の原因となるスニップを持っていたとしても、結果的にその○○という病気が発症するまでには、ほかのさまざまなたんぱく質や、それらの相互関係を含めた、複雑な過程が必要だからである。

生活習慣病は、決して一個の遺伝子、一個のたんぱく質の異常だけで発症するようなものではない、ということだけは心に留めておいていただきたい。

第三節　変化するたんぱく質・〝増殖〟するたんぱく質

神経変性疾患と呼ばれる病気の一種に、ハンチントン病と呼ばれる病気がある。二〇世紀初頭にハンチントン医師によって最初にその症例が報告されたことから名付けられた。

この病気の原因は、「ハンチンチン遺伝子」が作り出すたんぱく質「ハンチンチン」である。

このハンチンチンたんぱく質の中に「グルタミン」残基が繰り返している部分があり、それが異常に伸長してしまうことがこの病気の原因であることが知られている。

遺伝子の塩基配列が変化することで、できるアミノ酸配列が変化し、たんぱく質の形が変わり、ときにははたらきがおかしくなり、あるいは、完全に失われてしまう。

私たちの病気には、それが原因で発症するようなものが、前節で紹介した鎌状赤血球貧血症や、このハンチントン病のようにたくさんある。

しかし、世の中には、そのメカニズムを利用して巧みに生きている〝生命体〟がいる。本節ではその代表的な例をご紹介するのと同時に、それとは違うメカニズムによって、たんぱく質が〝異常になる〟例をご紹介しよう。

インフルエンザウイルス

ウイルスという「生命体」は、生物とはみなされない。独立して生き、独立して子孫を残せなければ、それは生物ではない、ということになっている。でも、そうした「生命体」も、私たち生物と同様、たんぱく質を持っている。「細胞」という生物特有の単位構造は持たないが、最低限、生きていくだけの遺伝物質としての「核酸」と道具としての「たんぱく質」は持っている。

毎年、世界のどこかで流行するインフルエンザ。「新型インフル」という名前からも推測されるように、インフルエンザウイルスには「型」というものがある。A香港型とかAソ連型というような言い方を耳にされた方も多いだろう。

じつはこの型は、インフルエンザウイルスの表面にある、二種類のたんぱく質の型を指すのであって、その二種類とは、「ヘマグルチニン」そして「ノイラミニダーゼ」というたんぱく質だ。

変異するヘマグルチニンとノイラミニダーゼ

ヘマグルチニンは、赤血球凝集素としても知られるたんぱく質で、「レクチン」の一種である（第三章第四節参照）。感染する相手の細胞の表面にある糖鎖のうち「シアル酸」ならびに「ガラクトース」を認識する。

一方ノイラミニダーゼは、そのシアル酸部分を切断するはたらきを持つ「酵素たんぱく質」である。この酵素のはたらきがあるために、感染した細胞で増殖したインフルエンザウイルスが、細胞の外へと飛び出していけるのである（図66）。

じつは、ヘマグルチニン（H）には一六種類のタイプがあり、ノイラミニダーゼ（N）には九種類のタイプがある。ある型のインフルエンザウイルスは、一六種類のヘマグルチニンのうち一種類と、九種類のノイラミニダーゼのうち一種類を組み合わせて持っている。そのため、理論的には一六×九＝一四四通りの型があり得るわけである。

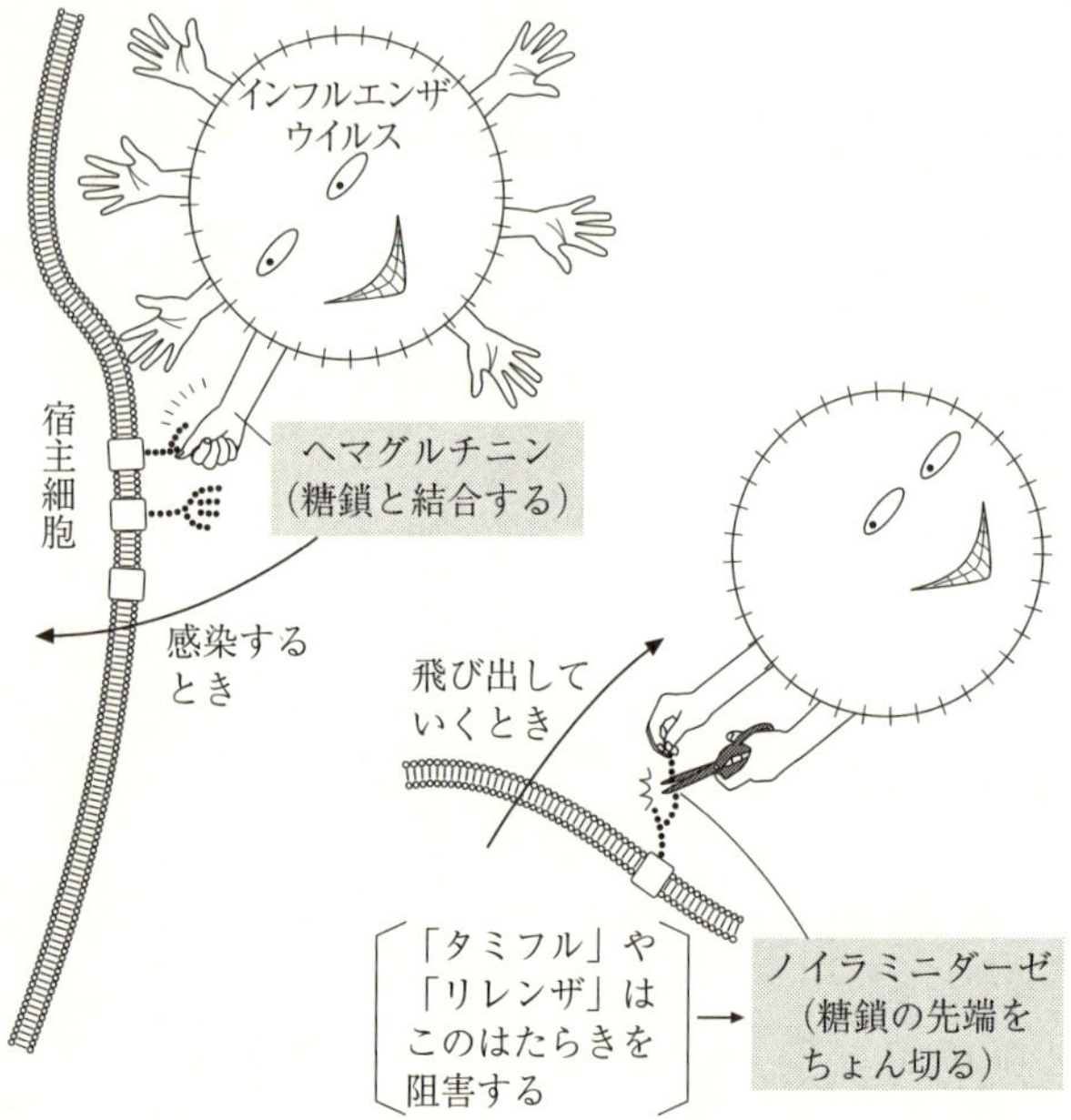
インフルエンザ
ウイルス
宿主細胞
ヘマグルチニン
(糖鎖と結合する)
感染する
とき
飛び出して
いくとき
「タミフル」や
「リレンザ」は
このはたらきを
阻害する
ノイラミニダーゼ
(糖鎖の先端を
ちょん切る)

図66　ヘマグルチニンとノイラミニダーゼ

毎年のように私たちが感染する、いわゆる季節性のインフルエンザウイルスは、H1N1型、H1N2型、H3N2型であることが多い。

昨今、やがては人間に感染するとして恐れられているトリ・高病原性インフルエンザウイルスは、H5N1型である。これが変異を起こしたり、また、ある生物個体(ブタなど)に複数のウイルスが同時に感染し、遺伝子が再集合して変化することにより、ヒトにも感染するようになり、パンデミックを引き起こすと恐れられている。

インフルエンザウイルスが持つ最大の武器が「たんぱく質」である以上、突然変異による塩基配列の変化、そしてアミノ酸配列の変化は、必ずついて回る。

アミノ酸配列が、たんぱく質の構造とはたらきに影響を与えることは、これまで本書でたびたび言及してきた。

インフルエンザウイルスが宿主の細胞に感染するのに必要なヘマグルチニンは、糖（シアル酸—ガラクトース）を認識するレクチンであるから、その形が突然変異で変化すると、当然のこととして、認識できる相手の糖の種類も変化する。それが、新しい宿主への感染能力の獲得という形で現れてくる可能性は非常に高い。

アミノ酸配列中のアミノ酸残基が一個でも異なれば、違う性質を持つことが可能になるという、たんぱく質の高い柔軟性。

私たち生物が、その柔軟性を最大の特徴とするたんぱく質を使って生命を連綿と維持してきたその一方で、その柔軟性を逆手に取って、独自の進化を遂げつつあるウイルスもまた、私たちと同じ世界に生きている。

たんぱく質の世界は、じつに奥が深いのである。

たんぱく質の形だけが変わること

いつもは、その形がいちばん安定であって、その形におさまっているのに、ちょっと強めに手が触れたり、大きな衝撃を受けたとたん、別の形に〝ひゅっ〟と変化してしまう。

イメージとしては何がよかろうか。あまり自信はないが、形状記憶合金などはいかがであろう。短冊状の細長い形状記憶合金を使って、それを複雑に折り畳み、たんぱく質を模したある形を作ったとする。これを無理やり引きのばし、別の形に折り畳むとする。

実際そういうことがあるのかどうかは別にして、この別の形もまた、合金に〝記憶〟されるとする。つまりその時点で、この形状記憶合金には二種類のとり得る形が存在する、ということになる。

ここで言いたいのは、アミノ酸配列が全く同じであっても、そのたんぱく質がとる立体的な形にはもう一通りある、そんな例が世の中にはあるということであり、そしてそのことが、ある病気を生み出す原因となっている、ということだ。

いってみれば「相互変換」に近い形であり、アミノ酸配列は全く同じであるにもかかわらず、「A」という形に作られたたんぱく質が、あるきっかけにより「B」という形に変換してしまう、という事例が知られている（図67）。

狂牛病（ウシ海綿状脳症）の原因とみなされているたんぱく質が、このような振る舞いを起こすと考えられている。そのたんぱく質の名を「プリオン」という。

狂牛病については、数年前に起こった社会問題をご記憶の方も多いであろう。終息したわけではなく、現在でもきっかけがあれば、おそらく再燃すると思われる。

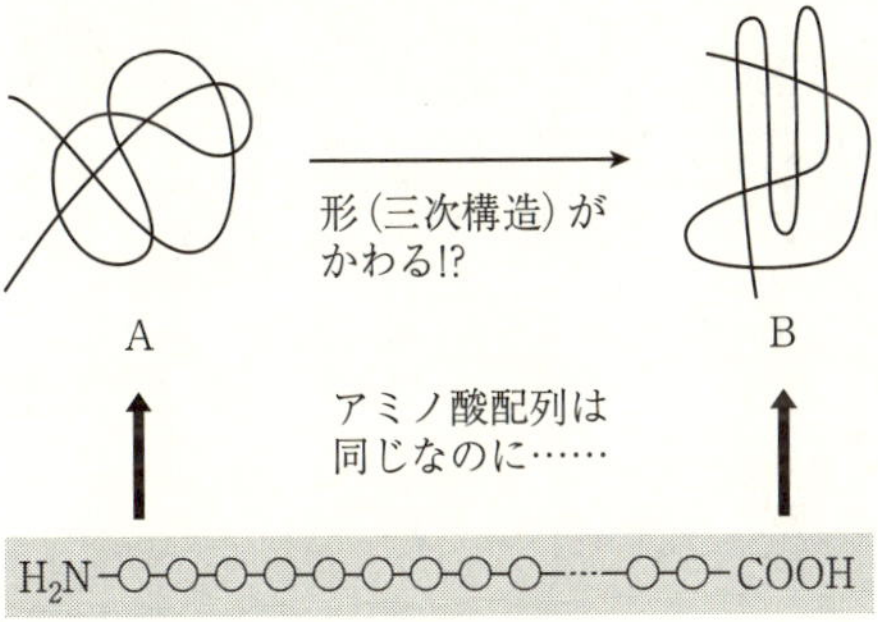
形（三次構造）が
かわる!?
A
B
アミノ酸配列は
同じなのに……
H_2N-○-○-○-○-○-○-○-○-○-……-○-○-COOH

図67　たんぱく質の「形」の変化

脳の神経細胞が壊死することによって、「ウシ海綿状脳症」の名前のとおり、脳みそが海綿（スポンジ）のようにスカスカになり、異常行動を引き起こし、やがて死ぬ。

この病気はウシだけではなく、私たち人間でもかかることが知られている。その名を「クロイツフェルト・ヤコブ病（CJD）」という。

CJDは、老年期に発病する遺伝病だが、脳硬膜移植によってヒトからヒトへと伝播する。一方、若年型CJDの原因はプリオンたんぱく質の異常であり、イギリスでは、異常プリオンを含んだ牛肉を食べた結果、発症したという事例が報告されている。そもそもの発端は、ヒツジが発症した「スクレイピー」であり、そのヒツジのくず肉をウシの食物として与えたことによりウシで発症したもので、そのウシを食べた人間が、若年型CJDに罹患したとされている。また、パプアニューギニアの食人習慣により伝播する「クールー」という病気も、同じメカニズムであると考えられている。

はたしてその〝病原体〟プリオンたんぱく質とは、いったいどのようなたんぱく質であり、その異常とはどのような状態をいうのだろうか?

プリオンたんぱく質は、神経細胞の細胞膜に存在するたんぱく質であり、二五三個のアミノ酸からなる。

この正常なプリオンたんぱく質が、何らかのきっかけで「異常」となり、上記の病気を引き起こすのである。

正常型プリオンと異常型(伝播型)プリオン

結論をいうと(すでにいっているが)、プリオンたんぱく質のアミノ酸配列は変化せずに、形だけがガラリと変化してしまうのである。図67でいう「A」が「B」に変換してしまうというものだ。

具体的にいうと、プリオンたんぱく質の二次構造として、正常型ではα-ヘリックスだった部分が、あるときいきなり、何らかのきっかけによってβ-シートへと〝変換〟してしまうのであ

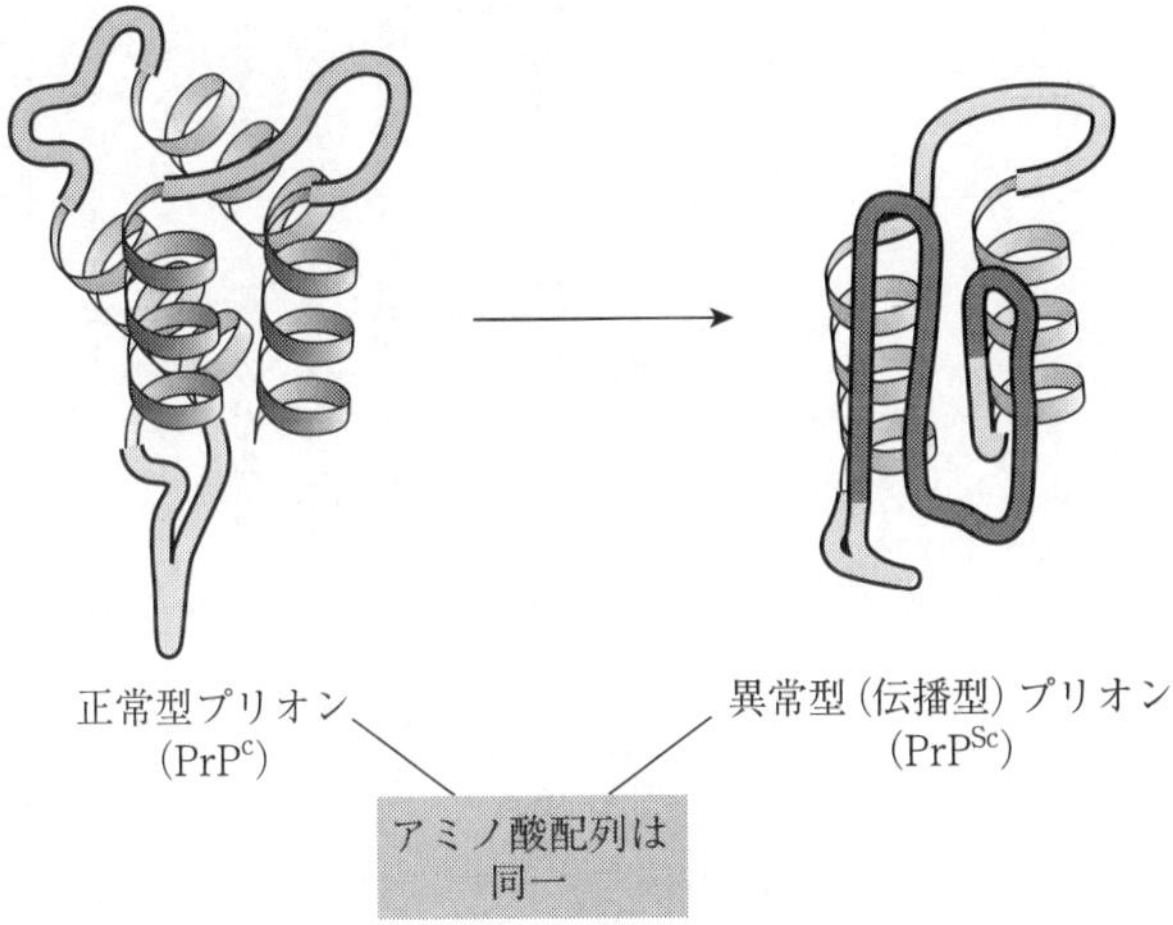
正常型プリオン
(PrP^{c})
異常型（伝播型）プリオン
(PrP^{Sc})
アミノ酸配列は同一

図68　プリオンたんぱく質（出典：Epstein RJ著『ヒトの分子生物学』，村松正實監訳，丸善，2006，162頁）

る（図68）。こうしてβ－シートを持つ形へと変化したプリオンたんぱく質、すなわち異常型は、その性質上「伝播型」とも表現される。

理由は、まさに文字どおり、「伝播」するからである。「朱に交われば赤くなる」というたとえにふさわしいのが、この異常プリオンたんぱく質の特徴なのだ。

細胞の内部で異常型と接触した正常型が、それ自身もまた異常型に変化するのである。そして、その異常型がまたほかの正常型と接触し、それもまた異常型へと変化させてしまう。

この連鎖反応が、神経細胞で異常型プリオンたんぱく質の量を異常に〝増殖〟させてしまう。先ほどは「相互変換」という言葉を使ったが、実際には「相互」変換ではない。変換は正常型→異常型の方向のみに起こり、異常型が元の正常型に戻るということはないらしい。だから問題なのである。

β－シート構造が現れた異常型プリオンたんぱく質は、たんぱく質分解酵素に対して抵抗性が強くなることが知られており、それゆえにＣＪＤやスクレイピーのように、食物から感染することが可能になるのだろう。

異常型プリオンたんぱく質が蓄積し、ぎゅっと縮こまった塊（凝集体）が形成されることで、神経細胞が壊死し、顕微鏡で組織を見るとあたかもスポンジのように、スカスカの空胞が随所に見られるようになる。このことから、異常型プリオンが原因と考えられている病気を一様に、「海綿状」脳症と呼ぶのである。

プリオンの正常型と異常型との間に見られる三次構造の変換。

たんぱく質が、アミノ酸配列が同じであっても、時と場合によっては異なる三次構造をとり得ることを示しているという点で、非常に興味深い事例である。

コラム④　あ！　見たことある！　〜身の回りのものによく似ているたんぱく質〜

「二足歩行ロボット」のようなたんぱく質

原稿を書いている目をふと上げると、スーツに身を固めたおおぜいの人たちが足早にそれぞれの勤務先へと急いでいる。一歩、一歩、二本の足をしっかりと地面に踏み下ろしながら。

二足歩行は今や、まるで私たち人間の専売特許であるかのような扱いであるが、人間以外にも「二足歩行」する生き物はたくさんいる。種としての特徴としては確立されているわけではない。しかし、多くのイエネコは二足でもチョコチョコ歩く場面はあるし、イヌの場合はさらに多くの場面で二足歩行する。チンパンジーなどの類人猿ではなおさらだ。

しかし、驚くなかれ、じつは分子の世界にも「二足歩行」をするたんぱく質がいるのである。ただそれは、私たちが見れば「二足歩行しているように見える」という程度の話ではあるが。

まるで赤ちゃんがよちよち歩きするように、このたんぱく質は長い道のりを歩く。それは、たんぱく質にとっての「長い長い道のり」なのであって、実質的には細胞の中にある長いフィラメント（繊維）のような物質の上を、決められたしくみで〝歩いていく〟のである。

歩いているのは「キネシン」と呼ばれるたんぱく質である（図69上）。キネシンは、二個のたんぱく質が抱き合った二量体を形成しており、その先端に、あたかも人間の「足（foot）」のような部分が存在する。そして、この足の部分を長い繊維の道の上に沿わせながら、ＡＴＰのエネルギーを利用して、一歩ずつ一歩ずつ歩いていくと考えられている。

なぜ歩くのかといえば、この「脚」のもう一方の端にさまざまな物質をくっつけ、それを「輸送」するためだといわれている。まさに、江戸時代の飛脚のようではないか。

じつは、二本足で「歩く」のはキネシンだけではない。「ミオシン」もそうだ。そう、あの収

キネシン

ミオシンＶ

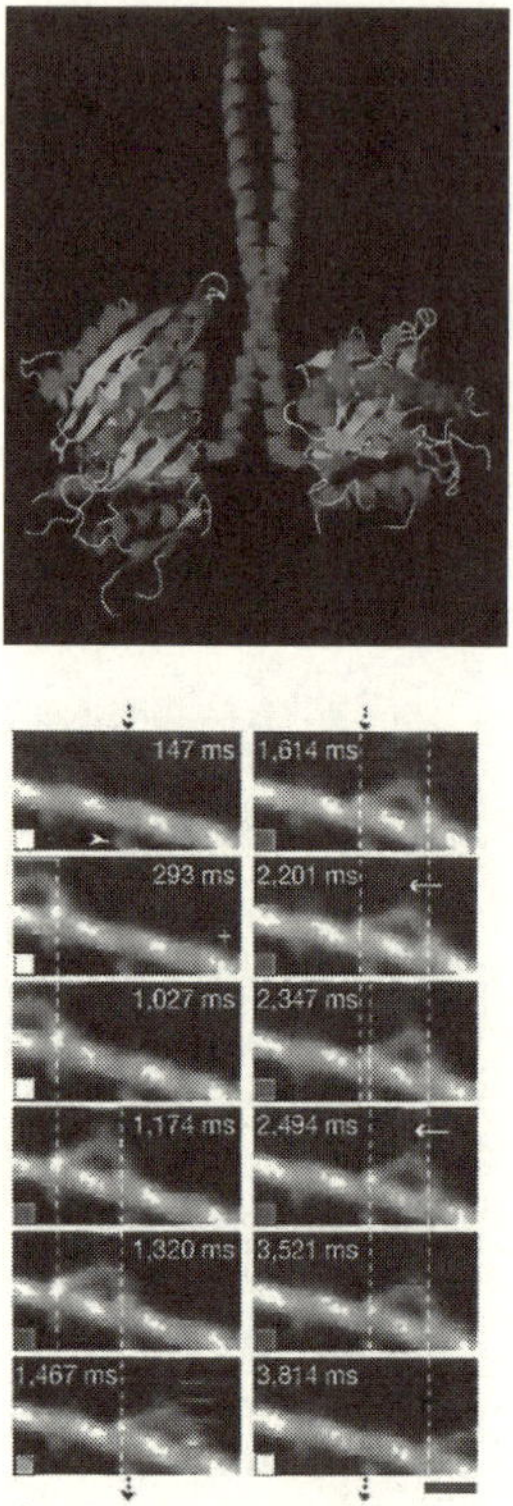
147 ms
1,614 ms
293 ms
2,201 ms
1,027 ms
2,347 ms
1,174 ms
2,494 ms
1,320 ms
3,521 ms
1,467 ms
3,814 ms

図69　「二足歩行」たんぱく質
（上図出典：図13上図と同、下図出典：Kodera N et al., Video imaging of walking myosin V by high-speed atomic force microscopy, *Nature* 468, 72-77, 2010）

縮たんぱく質である。

二〇一〇年一〇月に、金沢大学の研究者が高速原子間力電子顕微鏡という最先端の顕微鏡を用いて、歩いているミオシンの動画を撮影することに成功し、科学誌『ネイチャー』に発表した。正確には「ミオシンV」という分子であり、私たちの筋肉を構成するミオシンとは異なる。図69下に示したように、左上から右下にかけてミオシンVの「二本の足」が、フィラメント上をゆっくりと移動している様子が見てとれる。

そもそも、筋肉におけるアクチンフィラメントとミオシンフィラメントの「滑り」の実態も、じつはアクチンの上をミオシンが「歩いている」といえる。ただ、一方向にだけ歩くのではなく、あっちに歩き、また戻り、また歩き、また戻り……というのを繰り返している結果として私たちの目に見えるのが、筋肉の収縮と弛緩というわけである（図14も参照）。

まさに「二足歩行ロボット」の名にふさわしいたんぱく質であるといえるだろう。

第五章　Q&A 身近なたんぱく質への疑問

～最新の分子生物学・生命科学でも、たんぱく質は常に最先端をゆく～

第一節　〇〇遺伝子が作りだす「たんぱく質」Q＆A　～人間の性質にかかわるたんぱく質～

遺伝子の本体がＤＮＡであり、そのＤＮＡの形が神秘的にして美的な形（二重らせん）をしているものだから、人々の目が必然的に、遺伝子へと向いてしまうのは仕方のないことではある。

しかし、遺伝子は、あくまでもそこから作り出される「たんぱく質」あってこそだ。たんぱく質もＲＮＡも作られなければ、遺伝子の存在意義はさしあたりないわけである。実働部隊は、あくまでも、たんぱく質なのである。

本節では、「〇〇遺伝子」として人口に膾炙しているものをいくつか取り上げ、ほんとうの主役であるたんぱく質がどうはたらいているのかを、Ｑ＆Ａ方式にてご紹介していこう。

Ｑ：お酒に強い遺伝子はあるか？

Ａ：「お酒に強い」と言ってしまうのは問題だが、アルコールをうまく分解する遺伝子ならある。

お酒が強いというのは、言い換えれば「お酒の成分であるアルコールをすみやかに解毒する能力が高い」ということである。

A君はお酒が飲める。B君は毎晩、一升瓶を二つも空けるほど飲むのに、翌日にはケロッとして会社に出てくる。C君はちょっと飲むと真っ赤な顔になるくせに、毎晩奥さんと晩酌している。それでいて二日酔いになったのを見たこともない。なのにどうしてボクだけが……。こんな思いにとらわれた人も少なくはないだろう。

お酒のアルコールは、正確には「エチルアルコール（エタノール）」というアルコールである。エチルアルコールは、消毒用アルコールにも使われるアルコールだから、細菌などの微生物にとっては有害である。細菌に対して有害だということは、私たちの細胞にとっても有害だ、ということでもある。そのため、私たちは摂取したエチルアルコールを分解しなければならない。

お酒として摂取したエチルアルコールは、肝臓で分解される。

肝臓の細胞には、エチルアルコールを分解して「アセトアルデヒド」にする酵素たんぱく質と、そのアセトアルデヒドをさらに分解して「酢酸」に変えてしまう酵素たんぱく質が備わっていて、そのはたらきによってエチルアルコールは跡形もなく消え失せる。前者をアルコール脱水素酵素（ＡＤＨ）といい、後者をアセトアルデヒド脱水素酵素（ＡＬＤＨ）という（図70上）。

ＡＬＤＨ遺伝子には、前章第二節ですでにご紹介したようにスニップがあり、正常なタイプ

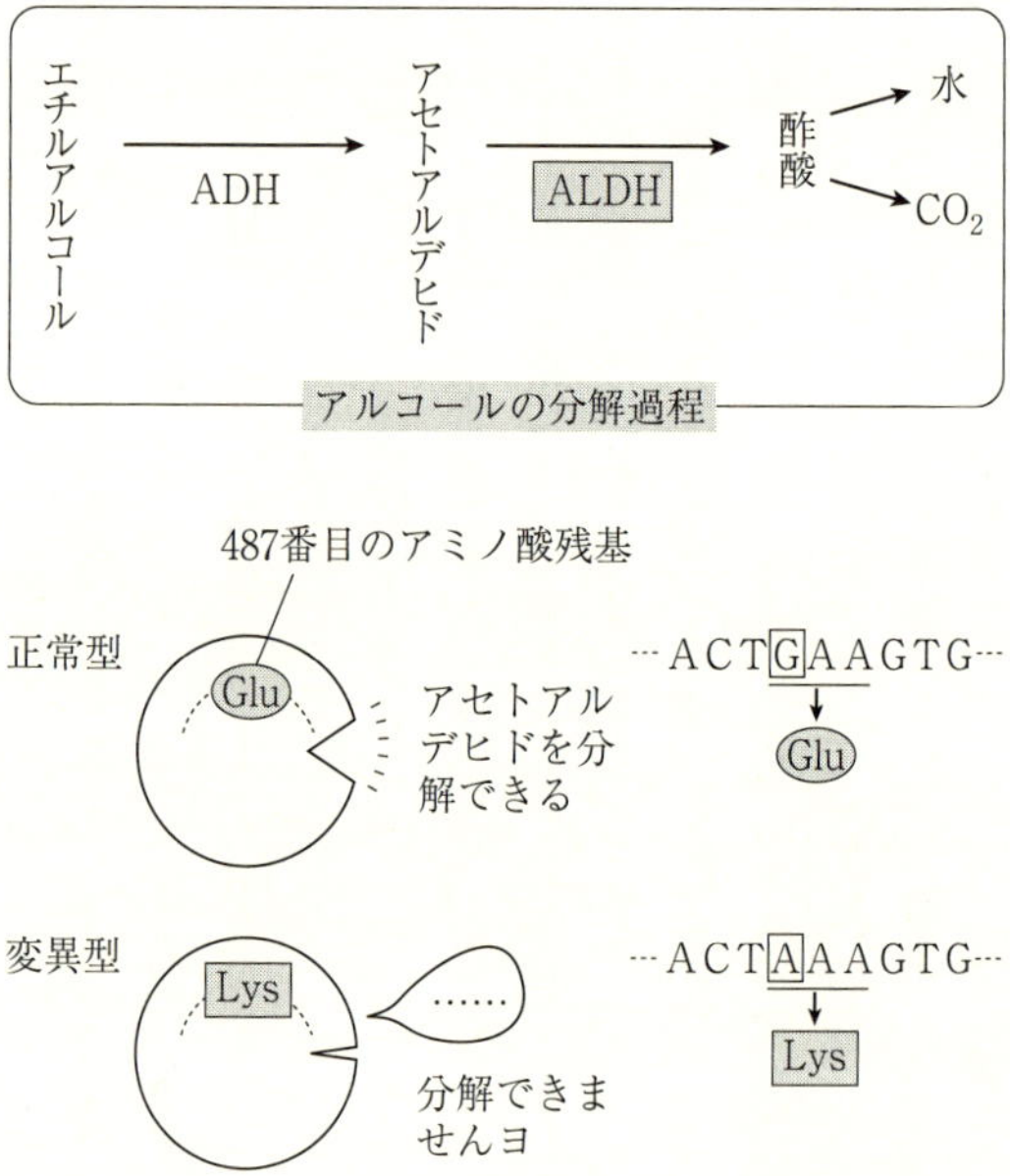
エチルアルコール
ADH
アセトアルデヒド
ALDH
酢酸
水
CO2
アルコールの分解過程
487番目のアミノ酸残基
正常型
Glu
アセトアルデヒドを分解できる
…ACTGAAGTG…
Glu
変異型
Lys
……
分解できませんヨ
…ACTAAAGTG…
Lys

487番目のアミノ酸「グルタミン酸」のコドン(GAA)が、「リジン」のコドン(AAA)に変化すると、活性を失う。

図70　ALDHのSNP

は、該当するアミノ酸残基が「グルタミン酸」で、アセトアルデヒドを効率よく分解できるが、該当するアミノ酸残基が「リジン」に変化した変異タイプは、その能力を欠いている（図70下）。

だから、ＡＬＤＨ遺伝子を持っていたとしても、前者であればお酒に強いが、後者であればお酒に弱い、という理屈だ。正確にいうと、私たちは両親由来の二つのＡＬＤＨ遺伝子を持っているわけで、両方とも正常タイプなら「強」、片方が正常、片方が変異タイプなら「弱」、両方とも変異タイプなら「全然ダメ、いわゆる下戸」ということになる。

だからといって、「俺は両方とも正常タイプなんだから、酒に強いんだ！」と信じ込むのは危ない。

先に述べたように、ＡＬＤＨはエチルアルコールを分解するのではなく、アセトアルデヒドを分解する酵素だからである。両方とも正常タイプであったとしても、酒を飲めばエチルアルコールはどんどん溜まっていく。そして脳は麻痺し、酔っぱらう。

何をもって「酒に強い」というのかは場合にもよるだろうが、酔っぱらうことに対する危険度は、ＡＬＤＨたんぱく質がうまくはたらいていても、はたらいていなくても、結局は同じなのである。

Q：運動能力の高いスポーツ選手は、特殊な遺伝子を持っているのか？

A：特殊というわけではないが、アスリートに正常なタイプを持っている人が多いと考えられている遺伝子はあるようだ。

ハンマー投げの室伏重信・広治親子、名大関といわれた貴ノ花・若乃花&貴乃花親子など、いいスポーツ選手になれるかどうかに、なんとなく遺伝的な要素が、つまりナントカ遺伝子がかかわっているのではないか、と思ってみたくなるような事例はスポーツ界にも散見される。

実際、筋肉の質という観点からすると、遺伝的要因が深くかかわっていると考えられるようになってきた。それが俗に、「アスリート遺伝子」と呼ばれる遺伝子である。

アスリート遺伝子は、筋肉において発現し、あるたんぱく質を作り出す。正式な遺伝子の名を「ACTN」といい、できるたんぱく質は「α－アクチニン」という。

筋肉のたんぱく質といえば、いわずと知れた収縮たんぱく質「アクチン」と「ミオシン」が有名だが、じつはそれだけでは筋肉はうまくはたらかない。そこに、「トロポニン」「トロポミオシン」「α－アクチニン」などの、役割の違う調節たんぱく質が必要になってくる。

α－アクチニンは、アクチンフィラメントをしっかりと支えるはたらきを持つ調節たんぱく質

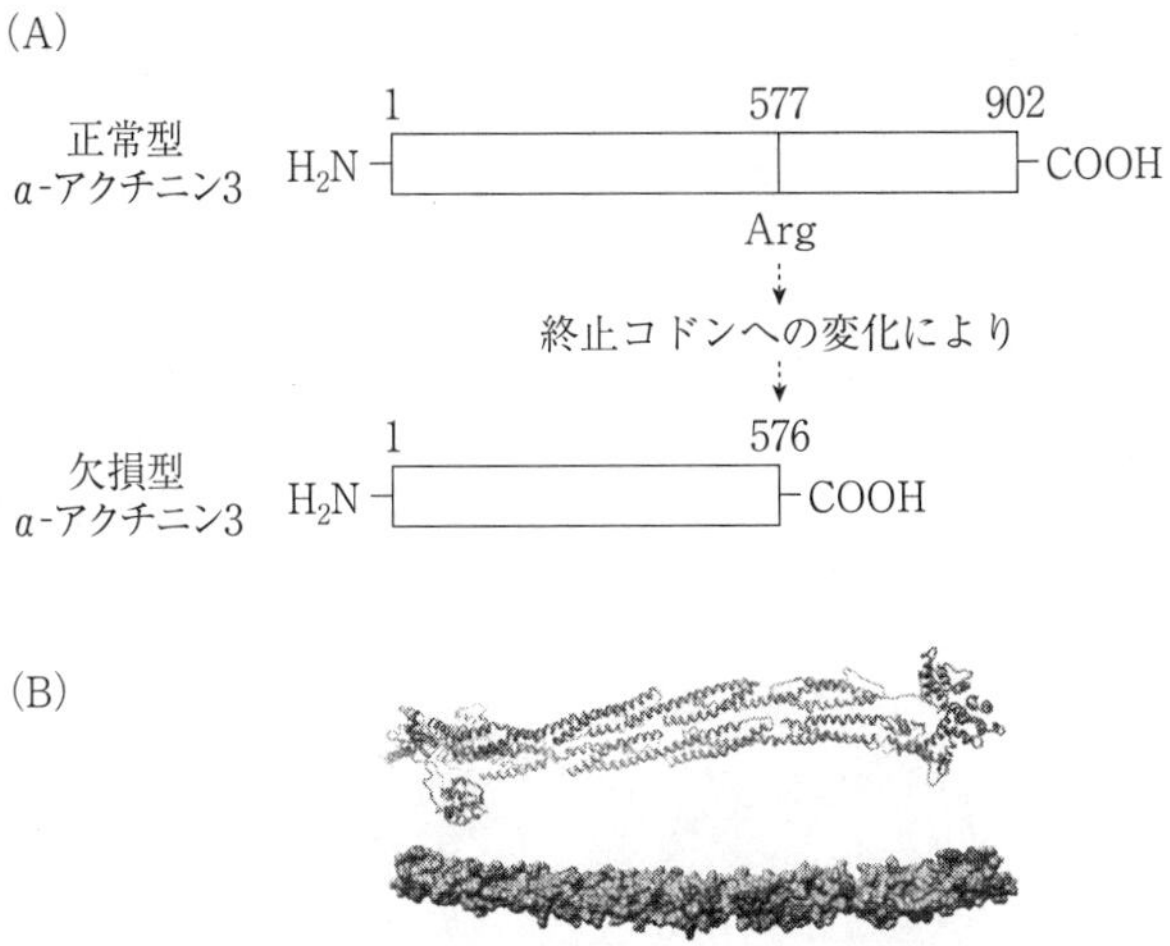
(A)
正常型
α-アクチニン3
1
577
902
H_2N
COOH
Arg
終止コドンへの変化により
欠損型
α-アクチニン3
1
576
H_2N
COOH
(B)

図71　α－アクチニン3。(A) α－アクチニン3のSNPと正常型と欠損型。(B) α－アクチニン3の立体構造。上はリボンモデル。下は空間充塡モデル（B図出典：Lek M et al., The evolution of skeletal muscle performance gene duplication and divergence of human sarcomeric α-actinins, *Bio Essays* 32, 17-25, 2009）

の一種で、骨格筋には「α－アクチニン２」と「α－アクチニン３」の二種類がある。

このうち、「α－アクチニン３」は、骨格筋のうち、瞬発力をもたらす「速筋」の細胞内で多く作られることから、とりわけ瞬発力を要求される運動能力に重要であると考えられている。

興味深いことに、ある研究において、全世界の人口のうちゆうに一〇億人が、このα－アクチニン３のはたらきを失っていると推定されている。α－アクチニン３の五七七番目のアミノ酸残基「アルギニン」をコードするコドンが、終止コドン、すなわちどのアミノ酸もコードしないコドンに変化しているために、たんぱく質の合成がそこでストップし、完全なα－アクチニン3たんぱく質ができないのだ（図71）。

これまでの研究調査で、いわゆるトップアスリートと呼ばれるスポーツ選手では、そうした欠失したα－アクチニン3しか作れない人の割合が対照群に比べて低く、両親由来の二つの遺伝子の両方が完全なα－アクチニン3を作れるタイプである割合が高いという報告がある。

すべてのトップアスリートがそうであるとはいえないが、こうした疫学的な調査から、トップアスリートとα－アクチニン3たんぱく質には、どうやら関係がありそうだと結論づけることができるわけである。

ただ、「アスリート遺伝子」という言い方は極端な表現であるから、気をつけた方がよい。アスリートならすべてこの遺伝子が正常、この遺伝子さえあればアスリートになれる、と断言することはできないからである。

Q：長寿と遺伝子は関係ある？

A：「長寿遺伝子」といわれるものは確かにあるが、それがあったからといって、あなたが長生きできるかどうかとは関係ない。たいてい、すべての人がその遺伝子を持っているからだ。

そもそも、「寿命を長く保つ」というのは、言い換えると「いかに老化（エージング）ストレスを回避するか」、そして「いかにして飢餓ストレスを回避し、少しでも長く生きるか」ということだといえる。

ここで紹介する〝長寿〟遺伝子も、そうしたものの一つで、その名を「*sirt1*」遺伝子という。私たち哺乳類には、*sirt1* のほかに *sirt7* までの一群の遺伝子が存在している。

この *sirt1* 遺伝子から作られるたんぱく質「サーチュイン」は、酵素たんぱく質の一種で、相手のたんぱく質から「アセチル基」を取り外す「たんぱく質脱アセチル化酵素」としてのはたらきがあることが知られている。私たちの細胞の代謝活動（栄養素からエネルギーを取り出したり、新しい物質を作ったり、いらないものを分解したりする、生きていくのに重要な活動）に深くかかわっているたんぱく質なのである。

細胞内の栄養状態が悪くなり、飢餓状態に陥ると、細胞内の「NAD^+（ニコチンアミドアデニ

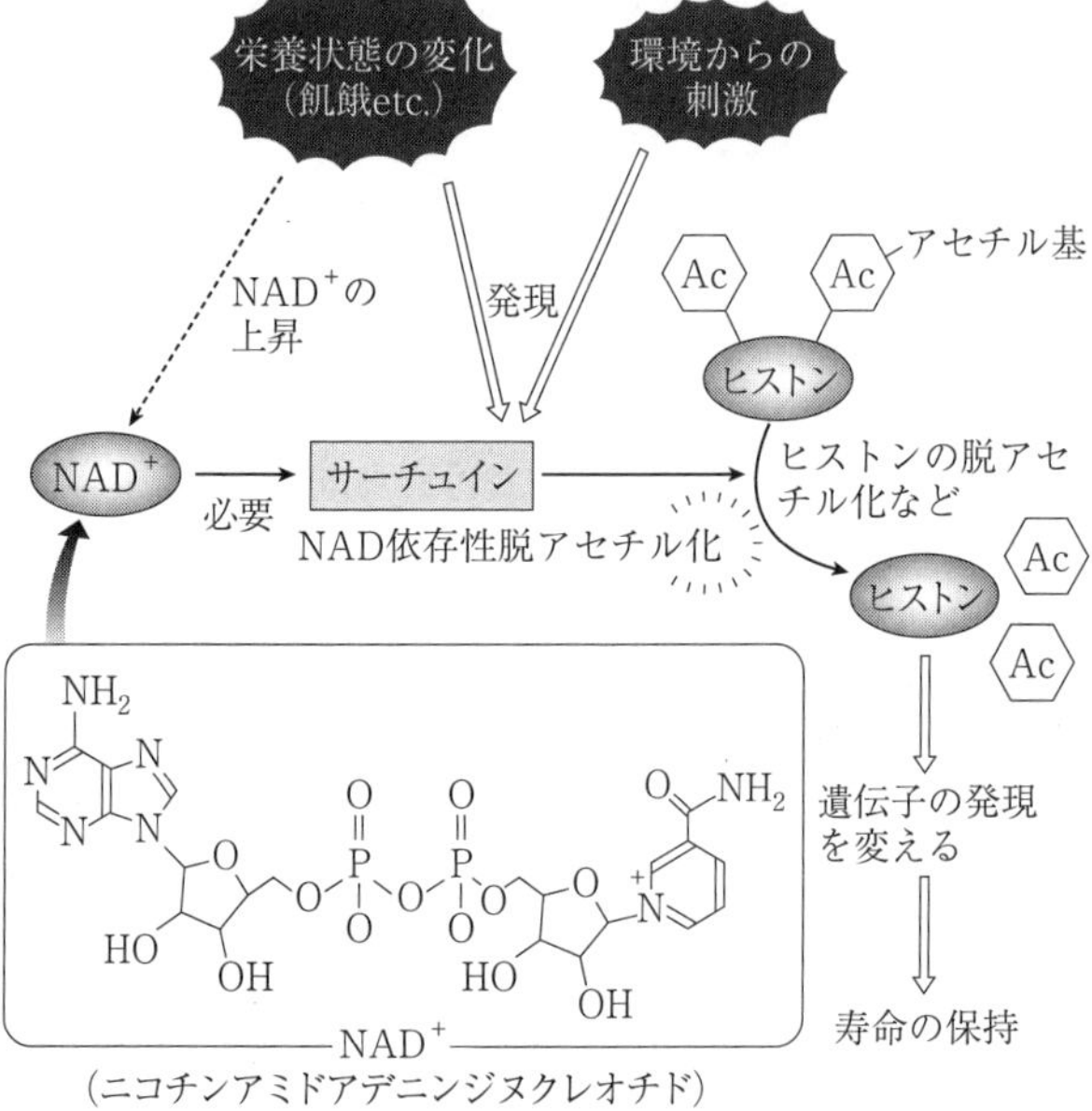
栄養状態の変化
（飢餓etc.）
環境からの
刺激
NAD⁺の
上昇
発現
アセチル基
Ac
Ac
ヒストン
ヒストンの脱アセ
チル化など
NAD⁺
必要
サーチュイン
NAD依存性脱アセチル化
ヒストン
Ac
Ac
遺伝子の発現
を変える
寿命の保持
NAD⁺
（ニコチンアミドアデニンジヌクレオチド）

図72　サーチュインのはたらき

ンジヌクレオチド）」という物質のレベル（量）が上昇する。サーチュインは、この「NAD⁺」の上昇を感知し、標的となるたんぱく質（たとえば、遺伝子発現に関与するヒストンなど）の脱アセチル化を行うのである。

ヒストン（コラム③を参照）のアセチル化と脱アセチル化は、遺伝子発現のオン・オフを決める重要な化学反応の一つであるから、サーチュインがヒストンの脱アセチル化を行うことにより、細胞の遺伝子発現の様子を変え、それによって飢餓状態を克服し、寿命を保持するのではないかと考えられている（図72）。人工的にサーチュインを作れなくしたマウスを観察すると、代謝能力の低下に伴うインスリン抵抗性の低下、ミトコンドリアのはたらきの低下など、老化に伴ってよく見られる現象が観察されるという。だからこそ、サーチュインを作り出す*sirt1*は「長寿遺伝子」などと呼ばれるのである。

ただ、そもそも寿命とは、個体の発生から死亡までの時間のことを指すのであり、種ごと、個体ごとに違う。なぜ個体ごとでさえ違うのかといえば、そもそも寿命を「決める」決定的な単独要因はなく、生物は生まれてから死ぬまでの間、さまざまな外的圧力、内的圧力にさらされて生きているわけで、個体の寿命は、極めて複雑で、多くのたんぱく質や他の分子の間で起こる反応のネットワークの結果として「決まる」からである。一個の遺伝子だけに左右されるような単純なものではない。

*sirt1*はもちろん鍵となる遺伝子であることには変わりないとは思うが、あくまでも多くの関係する遺伝子の中の一つにすぎない。

ただ、サーチュインがよりよくはたらいているかどうかは、その人の栄養状態や環境が、深くかかわっているらしいことが知られるようになってきた。遺伝子があるかどうかではなく、たんぱく質が作られてきちんとはたらいているかどうかがミソのようである。

Q：夫には浮気癖があるが、もしかして、浮気遺伝子がある？

A：ご夫君にそんな遺伝子があるかどうかはわからないが、ある種の哺乳類には、それと似たような遺伝子があることが知られている。

プレーリーハタネズミは、私たちヒト（の一部）と同様、一夫一妻制の夫婦関係を構築した、数少ない哺乳類の一種である（多くの哺乳類はいわゆる〝乱婚〟的）。

彼らの一夫一妻の強い結びつきには、大脳のある領域の神経細胞に、「バソプレシン受容体」と呼ばれるたんぱく質が多く存在することが関係あるらしいということがわかっている。バソプレシンというのは、脳下垂体後葉から分泌されるホルモンで、九個のアミノ酸がつながった「ペプチド」である。つまり、バソプレシンもたんぱく質の仲間といえば仲間だ。その「受容体」とはすなわち、バソプレシンを受け取るたんぱく質である。

このプレーリーハタネズミに対して、同じハタネズミ属に属するアメリカハタネズミ（図73）は、多くの哺乳類と同様に乱婚的で、彼らの神経細胞には、バソプレシン受容体の量が少ないことが知られている。

二〇〇四年、アメリカ・エモリー大学の研究グループは、バソプレシン受容体の少ない〝乱婚的〟なアメリカハタネズミに、人工的にバソプレシン受容体をたくさん作らせると、乱婚的だったアメリカハタネズミの中で、一夫一妻の「つがい」を形成する頻度が上昇することを発見した。

たった一種類の遺伝子を導入し、そのコードするたんぱく質を細胞内で作らせることで、〝夫婦の絆〟が高まったということで、「世のドン・ファン的男性がしおらしくなる遺伝学的方法が見つかった！」というようなニュースへと発展したらしい。

図73　アメリカハタネズミ

バソプレシンといえば、高校で履修する「生物」では「腎臓における水の再吸収を促進する、毛細血管を収縮させて血圧を上げる」などの重要な役割を果たしているホルモンとして登場する。

じつはバソプレシンは、神経伝達物質として知られるホルモンでもある。分泌されたバソプレシンが、細胞表面にあるたんぱく質であるバソプレシン受容体と結合することで、その神経細胞に何らかの刺激を伝える。そしてその作用が、私たちの社会的認知行動、社会的な記憶といった、生きていくにあたって重要な行動に影響を与えると考えられているのである。

もちろん、人間の浮気との明らかな関係は、まだわからない。そもそも乱婚的な生物システムを持った生物が、たった一つの遺伝子のせいで一夫一妻になったからといって、それが人間社会における「浮気」と「本気」に直結するわけはない。

ご夫君にとっては耳の痛い話かもしれないが、今後の研究に期待がかかる。

第二節　人間生活の中での「たんぱく質」Q&A　～食品のたんぱく質～

普段の生活に身近なものは、しかつめらしい科学の話題であっても、多くの人の興味を惹くものである。

その意味では、たんぱく質というのは不思議な存在だ。生活に身近なようで、身近ではない。「タンパクシツ」という言葉はよく目にしたり耳にしたりすることはあっても、実際にそれがどこでどんなことをしているのかを気にすることはあまりない。

これまでたんぱく質に関する多くの知識を並べてきたが、第一章でも述べたように、結局のところ最も身近なたんぱく質とは、やはり食品の中に含まれる「たんぱく質」であり、栄養素としてのたんぱく質であろう。

私たちに身近な食品には、いったいどんなたんぱく質が含まれているのか。読者諸賢の疑問にお答えしていこう。

Q：牛乳や卵は、なぜ栄養価が高いの？

A：二〇種類のすべてのアミノ酸が含まれているから。

牛乳に含まれるたんぱく質の主なものは、全たんぱく質の八〇％を占める「カゼイン」である。これには、必須アミノ酸（第一章第二節参照）を含め、二〇種類のすべてのアミノ酸が含まれているので、非常に栄養価の高いたんぱく質であるといえる。なにしろ、牛乳のアミノ酸価は一〇〇である（表1も参照）。このカゼインは、牛乳ほどその含量は高くないが、私たち人間のお乳にもちゃんと含まれている。

牛乳には「カルシウム」が多く含まれていることが知られている。カゼインはα、β、κなど数種類のカゼインからなり、牛乳の中ではそれらが会合して「サブミセル」と呼ばれる球状の液滴となっており、カルシウムはその表面に、リン酸カルシウムとして存在している。このサブミセルは、内側に疎水性の大きなα－カゼイン、β－カゼインが存在し、外側には親水性で、糖鎖をつけたκ－カゼインが多く存在している。そして、このサブミセル同士がさらに大きな「カゼ

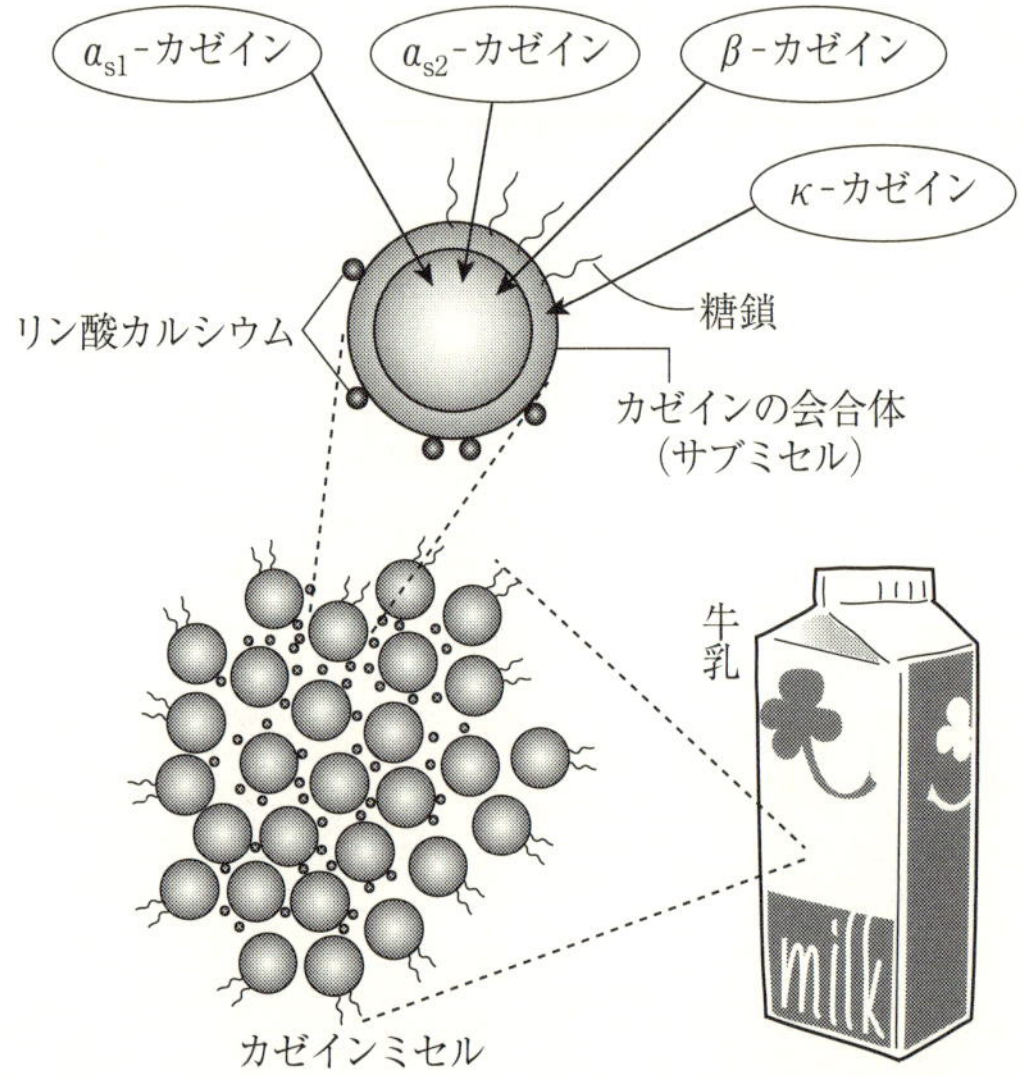
α_{s1}-カゼイン
α_{s2}-カゼイン
β-カゼイン
κ-カゼイン
糖鎖
リン酸カルシウム
カゼインの会合体
（サブミセル）
牛乳
milk
カゼインミセル

図74　牛乳中のカゼイン（出典：川岸舜朗ほか編『新しい食品化学』，三共出版，2000，177頁）

インミセル」を形成し、牛乳を形作っているのである（図74）。

牛乳にはほかにも、乳清たんぱく質である「ラクトアルブミン」、「ラクトグロブリン」といったたんぱく質も含まれる。ちなみに、牛乳を加熱するとできる表面の薄い膜はカゼインではなく、ラクトアルブミンやラクトグロブリンが熱によって変性し、凝固したものである。

一方、卵は、特に「白身」と呼ばれる部分（卵白）に多くのたんぱく質が含まれている。卵白の九〇％は水分だが、残りの一〇％のほとんどはたんぱく質で、そのたんぱく質のうち五四％を占めるのが「オボアルブミン（オバ

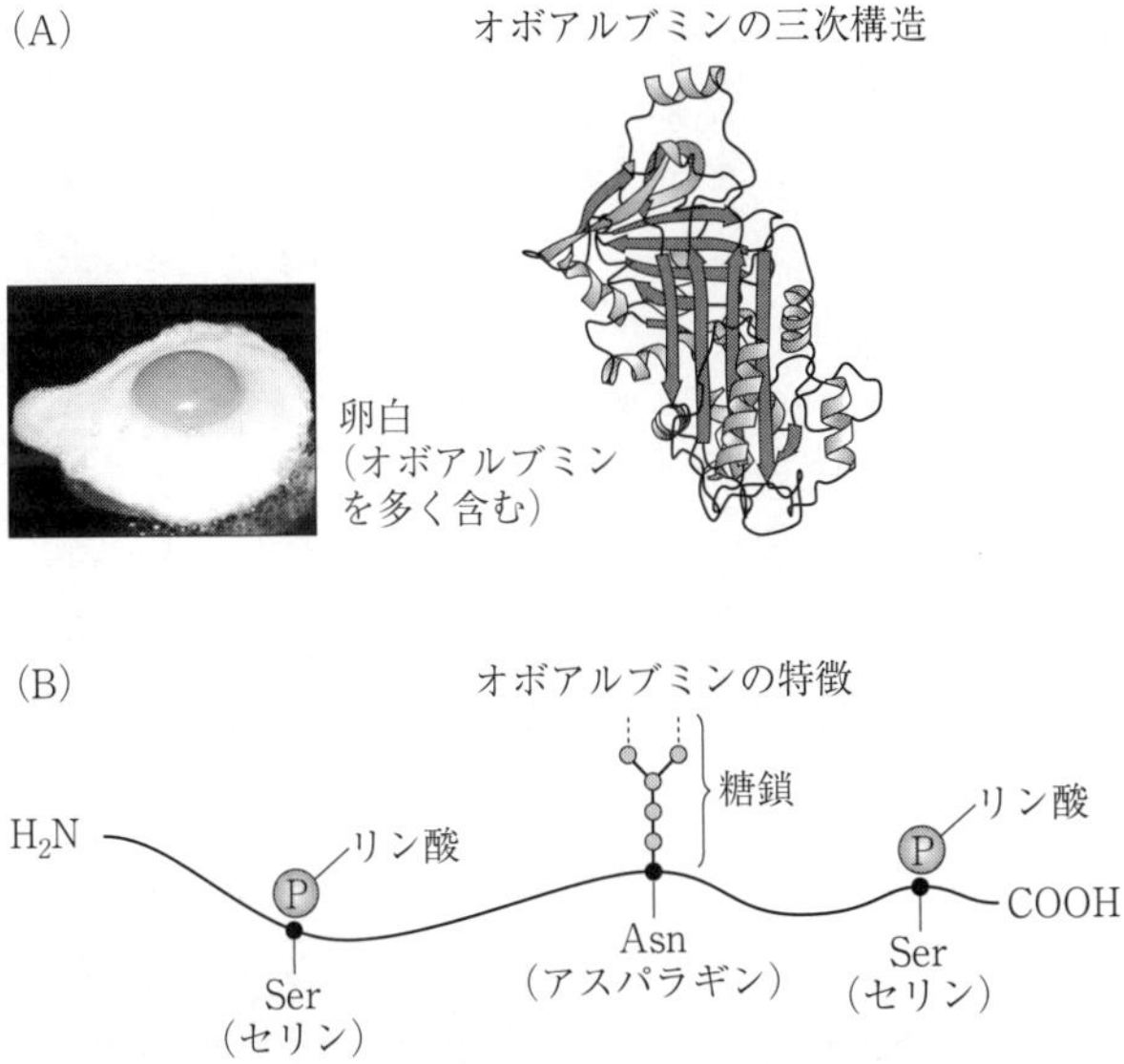
(A)
オボアルブミンの三次構造
卵白
(オボアルブミンを多く含む)
(B)
オボアルブミンの特徴
糖鎖
リン酸
H_2N
リン酸
P
P
COOH
Ser
(セリン)
Asn
(アスパラギン)
Ser
(セリン)

・68番目、344番目のアミノ酸「セリン」がリン酸化されている
・292番目のアミノ酸「アスパラギン」に糖鎖がついている

図75　オボアルブミン。(A) は卵白の写真とオボアルブミンのリボンモデル。(B) はオボアルブミンの複合たんぱく質としての特徴（A右図出典：Yamasaki M et al., Crystal structure of s-ovalbumin as a non-loop-inserted thermostabilized serpin form, *J. Biol. Chem.* 278, 35524-35530, 2003）

ルブミン)」だ。

複合たんぱく質の一種である糖たんぱく質として知られ、アミノ酸のアスパラギン残基に、糖鎖が一本結合した格好をしている。また、セリン残基がリン酸化されたリンたんぱく質でもある(図75)。卵のアミノ酸価も一〇〇であり(表1も参照)、オボアルブミンもカゼインと同様、二〇種類のアミノ酸がまんべんなく含まれているため、非常に良質で栄養価の高いたんぱく質である。

卵白にはほかにも、「オボトランスフェリン」、「オボムコイド」、「リゾチーム」などのたんぱく質が含まれ、いずれも胚の保護や微生物からの防御などにかかわっているたんぱく質であると考えられている。

Q:人体で最も大きなたんぱく質は?

A:タイチン(コネクチン)が、これまで知られている限り、生体内で最も大きなたんぱく質である。

わが国を代表する生化学者丸山工作によって発見された筋たんぱく質の一種がタイチン(コネ

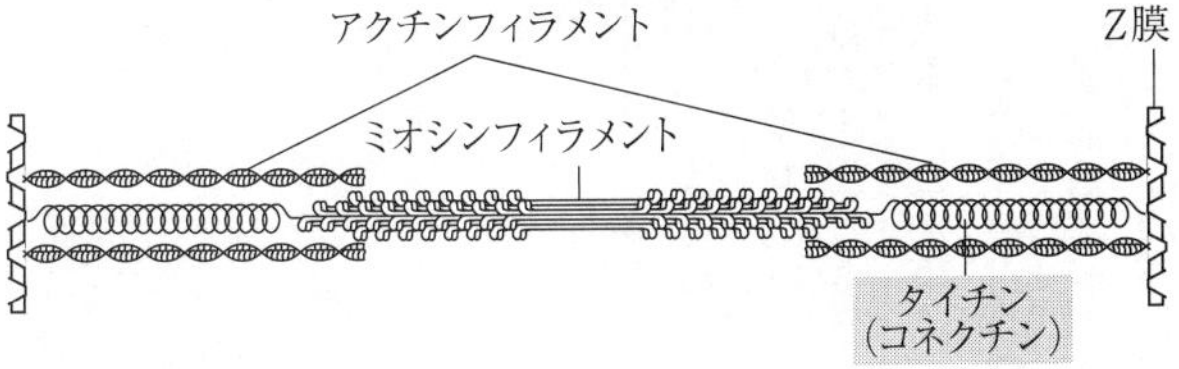
アクチンフィラメント
Z膜
ミオシンフィラメント
タイチン
(コネクチン)

図76　筋肉のたんぱく質とタイチン（出典：図17右下図と同、ただし273頁）

クチン）である。

分子量はおよそ三〇〇万。そして、アミノ酸総数はなんと二万六九二六個！　細長いたんぱく質であり、その長さはゆうに一マイクロメートル（一ミリメートルの一〇〇〇分の一）にもなる。

この「タイチン（titin）」という名の由来は、ギリシャ神話に出てくる巨大神族「タイタン（titan）」である。タイチンは、コネクチンという別名からもわかるように、何かと何かを「コネクトする（つなぎとめる）」役割を持っている。平たくいえば「バネ」のようにはたらくのである。

タイチンは、筋肉の基本単位であるサルコメア（第二章第一節参照）において、その端のZ膜から、中央部分までに届くほどの長さのたんぱく質である（図76）。Z膜と結合しているのと反対側のあたりでミオシンフィラメントの上を沿うように結合し、ミオシンフィラメントとZ膜との間を「コネクト」している。

このタイチンが存在するがゆえに、筋肉は弛緩しすぎて伸びきってしまうことなく、ある程度の弾性を保ちつつ、縮んだりゆるんだりを繰り返すことができるのだ。

Q：大豆は〝畑の肉〟といわれるが、なぜ？

A：アミノ酸価が一〇〇で、牛肉などの動物性たんぱく質と比べても遜色ないから。

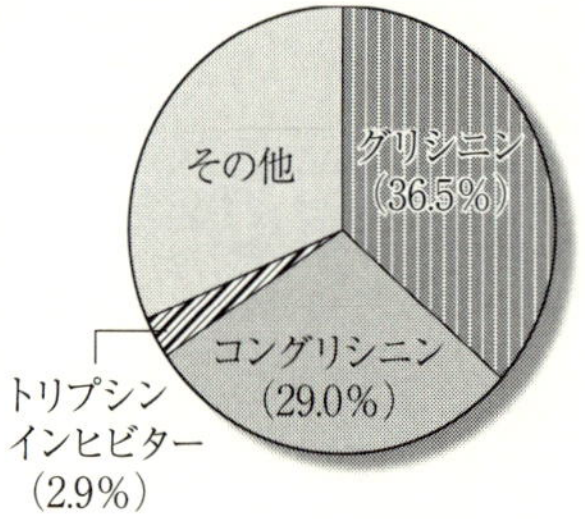
グリシニン
(36.5%)
その他
コングリシニン
(29.0%)
トリプシン
インヒビター
(2.9%)

図77　大豆たんぱく質の組成

大豆と、それを原材料とするさまざまな食品（豆腐、豆乳、おから、味噌など）は、たんぱく質が豊富な食品として知られている。大豆の成分の、じつに半分以上はたんぱく質である。

大豆に含まれるたんぱく質の代表が、グロブリンの一種「グリシニン」で、大豆たんぱく質のおよそ三七％を占める。二種類のサブユニットが六個ずつ、合計一二個のサブユニットからなる大きなたんぱく質だ。次に多いのが「コングリシニン」で、この二つだけで、大豆たんぱく質の三分の二を占める（図77）。

穀物などに含まれる植物性たんぱく質には、すでに第一章第二節でもご紹介したように、制限アミノ酸が存在することにより、牛乳、卵、肉などの動物性たんぱく質に比べて栄養価が低いという特徴がある。多くの植物性たんぱく質の制限アミノ酸は「リジン」で（表1も参照）、その含量は低いが、大豆たんぱく質であるグリシニンやコングリシニンは、そのリジンの含量が他の植物性たんぱく質に比べて高いのである。

その結果、大豆たんぱく質の栄養価（アミノ酸価）は他のものよりも高く、現在の規準ではアミノ酸価が一〇〇と、牛肉や卵などの動物性たんぱく質と比べても遜色ないほどになっている。ただし、やや「メチオニン」の含量が低い傾向はある。

これが、大豆が〝畑の肉〟といわれるゆえんであろう。

Q：豆を生で食べると体によくないといわれるが、ほんとうか？

A：生で食べると、豆に含まれているたんぱく質が体内で悪さをする場合がある。

すべての豆がそうだとは言い切れないが、よく知られている例として、大豆とインゲンマメがある。

たとえば、大豆には「トリプシンインヒビター」と呼ばれるたんぱく質が、全たんぱく質の三％程度含まれている。その名のとおり「トリプシン」を「阻害する（インヒビト）」たんぱく質である。トリプシンとは、第三章第一節で紹介したように、膵液の中に含まれ、小腸でのたんぱく質の消化にはたらく消化酵素だから、それを「阻害する（インヒビト）」としたら、体にいいとは思えない。

図78　抗栄養因子

マメ科植物の豆の中には、生のままで動物が摂取すると栄養障害を引き起こすようなたんぱく質が含まれていることが多く、「抗栄養因子」と呼ばれている（図78）。トリプシンインヒビターもその一つで、実際、実験動物のラット（ドブネズミのような大きなネズミ）に生で大豆を食べさせると、膵臓がはれ、成長阻害が見られるという実験結果もある。

ただし、抗栄養因子もたんぱく質だから、胃でかなりのものは消化されると考えられる。消化されきらなかった抗栄養因子が小腸へと移行し、トリプシンを阻害するのであろう。

一方、インゲンマメには「レクチン」、「アミラーゼインヒビター」といったたんぱく質も含まれていることが知られている。

レクチンとは、第三章第四節でもご紹介したように、糖と結合するたんぱく質の総称だが、このたんぱく質を生で口に入れると、食中毒的な症状を呈することが知られている。

こうした、植物たちが作り出す「抗栄養因子」は、大切な豆を動物に食べられまいとする生存戦略の一つとして、動物の消化酵素を阻害（インヒビト）するたんぱく質、あるいは食中毒を起こさせるようなたんぱく質を作り出すように進化してきたのではないかと考えられている。

加熱すれば、こうしたたんぱく質は変性してそのはたらきを失うから、やはり豆は加熱してから食べた方がよさそうである。

Q：お米や小麦粉といえば炭水化物（でんぷん）を連想するが、たんぱく質もある？

A：存在感は薄いが、ちゃんとある。

お米に含まれるたんぱく質でいちばん多いのが「オリゼニン」というたんぱく質で、白米ではおよそ六〇～八〇％のたんぱく質が、このオリゼニンである。貯蔵たんぱく質としての役割を持

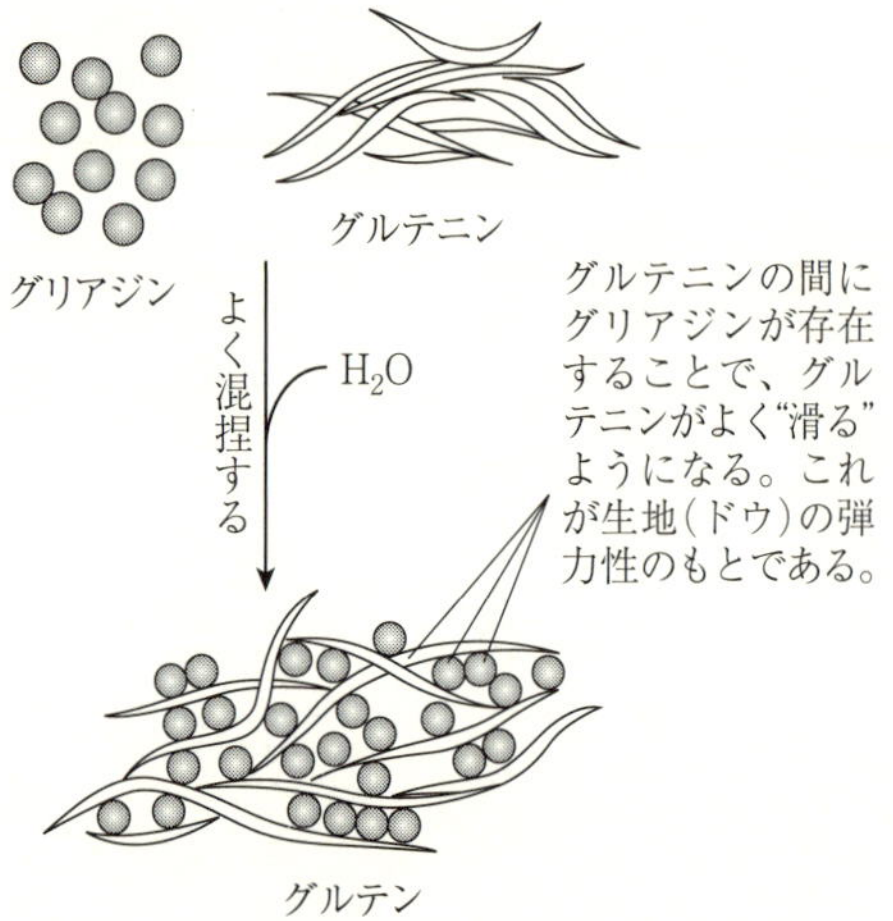
グルテニン
グリアジン
よく混捏する
H_2O
グルテニンの間にグリアジンが存在することで、グルテニンがよく“滑る”ようになる。これが生地(ドウ)の弾力性のもとである。
グルテン

図79　グルテンと小麦たんぱく質（出典：並木満夫ほか編『現代の食品化学』，三共出版，1985，211頁）

つ。

オリゼニンは、でんぷんとは違って、米粒の内部に均一に存在しているわけではなく、どちらかといえば周辺部に多い。特に、米ぬかや胚芽（将来、イネになる部分）に多いので、白米よりも玄米の方が、たんぱく質の含量は多いということになる。

一方、小麦に含まれるたんぱく質にはいろいろあるが、特にその含量が多いたんぱく質は「グルテニン」と「グリアジン」である。この両たんぱく質で、小麦のたんぱく質のうち七四%を占める。

小麦粉に水を加えないままでは、グルテニンとグリアジンの両たんぱく質は、それぞれが勝手気ままに存在した状態である。いわばお互い〝知らん顔〟をしている。

ところが、ここに水を加えて混ぜ合わせることで、それまで〝知らん顔〟していた人見知りの両たんぱく質が、急に仲良くなる（図79）。

グルテニンは細長い繊維状の形をしており、一方グリアジンは球状だ。この両者が混在するところに水を加えて混ぜ合わせる（混捏（こんねつ）する）と、小麦粉中のグルテニンとグリアジンが、お互いの表面で、疎水結合、水素結合、イオン結合などを介して相互作用し、網目状の構造を呈するようになると考えられている（図79）。

こうして、粘弾性の高い「グルテン」が形成される。これが、うどんやパンを作る際の、あの弾力性に富む「生地（ドウ）」の基本となるのである。

第三節　これもじつは「たんぱく質」Q＆A　～身の回りのたんぱく質～

食品以外のところにも、たんぱく質はある。

これまでさんざん述べてきたように、私たちの体は、そのものがたんぱく質の塊なのだ。しかし、その中でもより私たちの生活に〝身近な〟たんぱく質もある。

そして、一見「たんぱく質」とは思われないものが、案外そうだったというものもある。

本節ではこうしたたんぱく質について、読者諸賢の疑問にお答えしていこう。

Q：人間の体で最も多いたんぱく質は？

A：コラーゲンで、全たんぱく質の三〇％にあたる。

私たち人間の体に最も大量に含まれるたんぱく質は、何といってもコラーゲンである。最も大量に含まれるだけでなく、知名度としてもたんぱく質の中でナンバーワンであるといえるだろう。

三〇％という数字にホンマカイナと思われるかもしれないが、多細胞生物、とりわけ私たち動物が、どうやって細胞同士をうまくつなぎ合わせ、きちんとした「多細胞の体」を作り上げているのか、そしてそこにコラーゲンがいかに重要なはたらきをしているのかがわかれば、ナルホドソウデアッタカと納得されるだろう。

コラーゲンは、「細胞外マトリクス」の主成分として、細胞の形や位置を支える基盤になっている。つまり細胞は、コラーゲンを糊のように使って互いをつなぎ合わせ、多細胞生物体を作り上げているといえる。

コラーゲンには、Ⅰ型コラーゲン、Ⅱ型コラーゲンという具合に多くの種類のものがあるが、

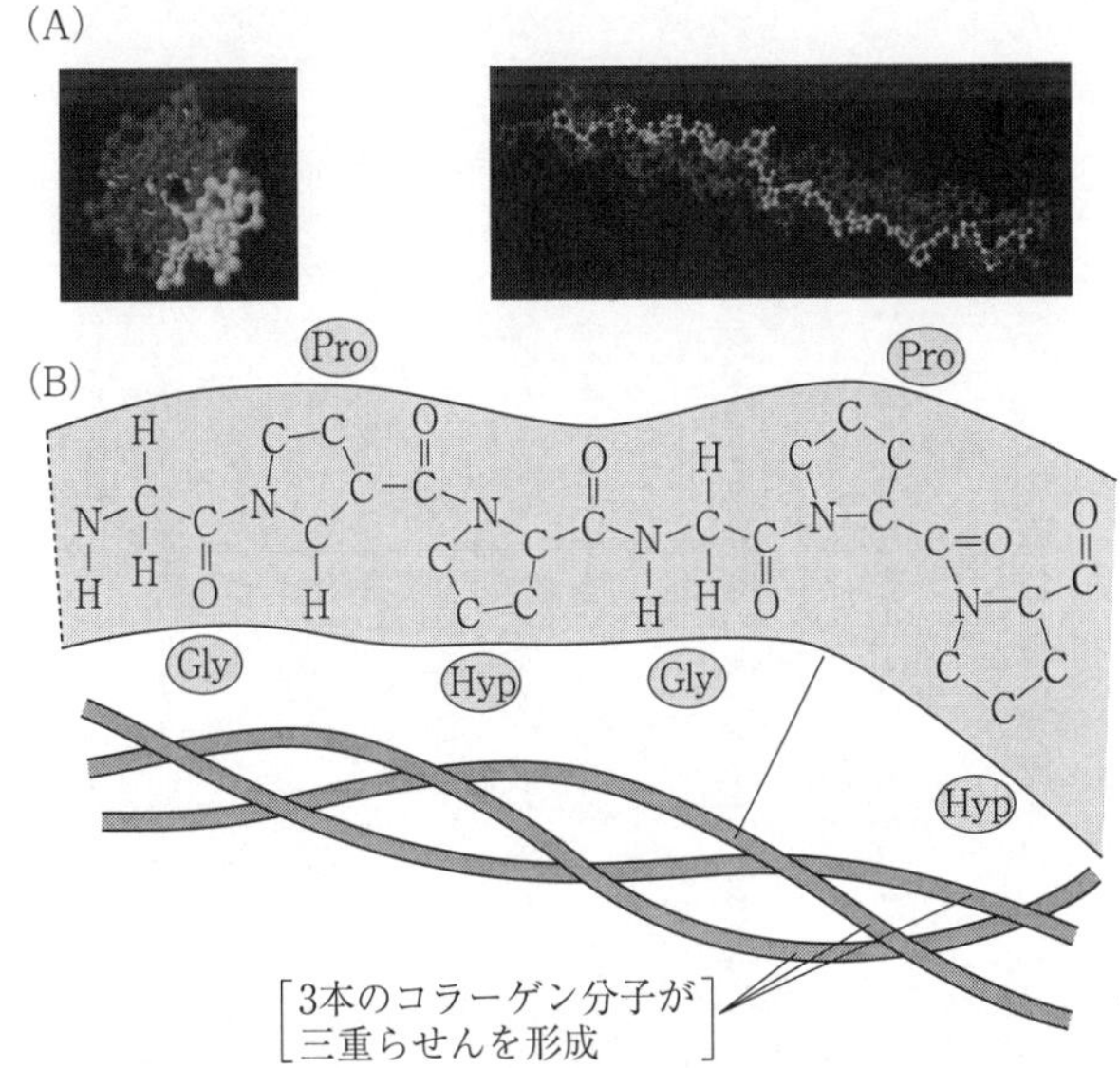
(A)
(B)
Pro
Pro
Gly
Hyp
Gly
Hyp
3本のコラーゲン分子が
三重らせんを形成

図80　コラーゲン。(A) 三本のポリペプチドを色分けし、二方向から見たモデル。(B) 各ポリペプチドのアミノ酸配列の一部（A図出典：図13上図と同）

最も有名にして、かつ最も大量に人体に含まれているのが、I型コラーゲンだ。ここから先は、このI型の話である。

コラーゲンの最大の特徴は、まっすぐに伸びた、〝繊維状〟の構造をしていることだといえる。三本のポリペプチドがお互いにより集まり、右巻きのらせん状の形をした細長いたんぱく質なのである(図80A)。

コラーゲンの一次構造は極めて特徴的で、「グリシン・(アミノ酸1)・(アミノ酸2)」という三つのアミノ酸の並び（一番目は必ずグリシン）が何度も繰り返した構造をとっている。このとき、アミノ酸1はプロリン、アミノ酸2はヒドロキシプロリン（プロリンにOHが結合したもので、図ではHypと表記）であることが多い（図80B）。

なぜこうした特徴を有するのかというと、まずプロリンとヒドロキシプロリンの側鎖の間に生じる相互作用が、三本のコラーゲンたんぱく質をきつくらせん状に巻く要因の一つであり、このとき、側鎖が「－H」と最も小さく立体障害が少ないグリシンだけが、三つ目のアミノ酸として存在し得るからだと考えられている。

このヒドロキシプロリンを体内で作るのにビタミンCが必要であり、ビタミンCが欠乏するとコラーゲンの合成がうまくいかず、壊血病を引き起こす。

こうしたアミノ酸の繰り返しの構造が、コラーゲンを細長く、一見して何の変哲もない糸のようなたんぱく質にしているのだが、それがたくさん集まると強靱となり、私たちのこの体を支えているなんて、考えてみれば不思議なことである。

Q：体でいちばん「丈夫な」たんぱく質は？

A：おそらく髪の毛のたんぱく質である。

人体で、骨と歯以外に、死んでからも長く残る組織はどこか？

そう聞かれて、「髪の毛！」と答える人は多いだろう。確かに、髪の毛は人体そのものが死んだ後、ミイラになっても残っていることが少なくない。

髪の毛もたんぱく質でできているとすれば、そのたんぱく質こそ、人体でいちばん「丈夫な」たんぱく質であるといえるかもしれない（長く残るということが「丈夫」の意味ならば）。

そのたんぱく質を「ケラチン」という。

毛髪中では、ケラチンはあたかも二本の蛇がからみあったような格好をして、二個の細長いたんぱく質が抱き合っている。この抱き合ったケラチン二量体がさらに集まり、「プロトフィラメント」という細い束を形成し、さらにこのプロトフィラメントが八本束になって「ミクロフィブリル」を形成する。ミクロフィブリルがさらに束になって「マクロフィブリル」となり、これが毛髪中の死んだ細胞の内部をびっしりと埋め尽くしているのである（図81）。

さて、髪の毛を焼くと硫黄の臭いがするといわれる。実際、このケラチンの成分が、いやな臭いを出すのである。

え？　なぜ肉を焼くと香ばしい匂いがするのに、髪の毛はそうじゃないのかって？

それが、ケラチンの特徴だからである。

ケラチンは、髪の毛の主要なたんぱく質であると同時に、私たちの皮膚の最も外側にある表皮

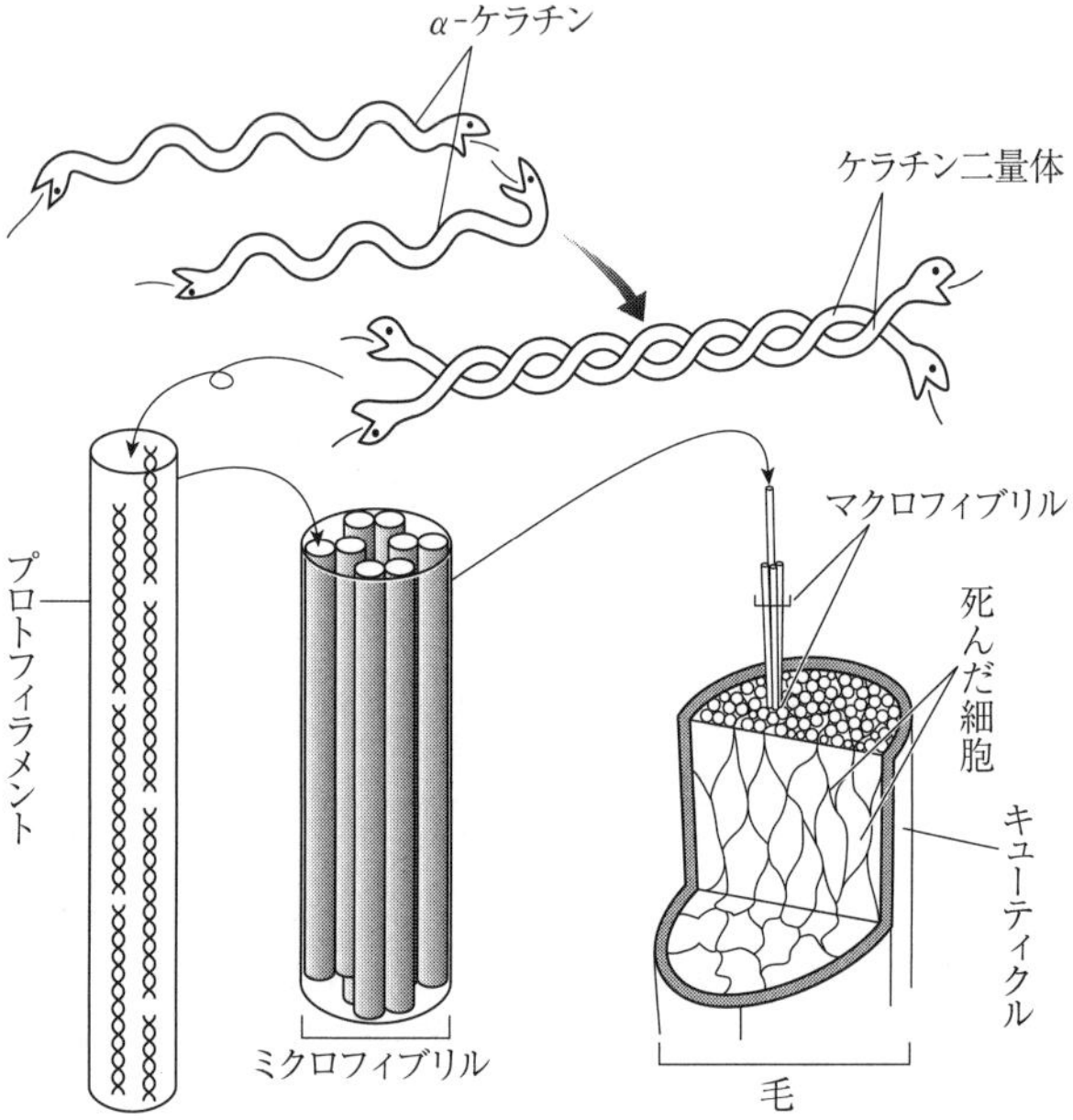
α-ケラチン
ケラチン二量体
マクロフィブリル
死んだ細胞
プロトフィラメント
キューティクル
ミクロフィブリル
毛

図81　毛髪とケラチン（出典：Voet Dほか著『ヴォート生化学・第3版』，田宮信雄ほか訳，東京化学同人，2005，175～176頁）

細胞（ケラチノサイト）の内部に充満する、いわゆる「角質」の本体としても知られている。

ケラチンは、そもそもは細胞の形を内側から支える「細胞骨格」の主成分の一つだが、細胞の角質化に伴って細胞内に蓄積し、硬くなり、やがて細胞は死んでいく。その〝死〟の過程が表皮であり、毛なのである。

ケラチンの最大の特徴は、そのアミノ酸に「システイン」が多く含まれていることであろう。システインは硫黄原子（S）を含み、システイン同士で「S－S結合（ジスルフィド結合）」という非常に強い共有結合により結びつくという特徴がある。このS－S結合がそこかしこに存在するため、ケラチンは非常に分解されにくい。だからこそ、毛や爪はなかなか朽ちない。そして、焼くといやな臭いがするというのは、この大量に含まれる硫黄原子が原因だったのである。

コラーゲンやケラチン、エラスチンなど、体の構造を支えるためにあるたんぱく質を「構造たんぱく質」という。第二章第一節の分類における「②構造たんぱく質」というのがソレである。

Q：白内障は眼のたんぱく質が原因で起こるって聞いたが、ほんとうか？

A：加齢性の白内障の原因は、私たちの眼の「水晶体」つまり眼のレンズに存在する「クリスタリン」というたんぱく質の〝老化〟であると考えられている。

私たちのクリスタリンにはαクリスタリン、βクリスタリン、γクリスタリンの三種類があって、水晶体のクリスタリンはこれらの混合物になっている。

このうち、βクリスタリンとγクリスタリンが、水晶体の透明度を維持するはたらきを担うのに対し、αクリスタリンは、これらのクリスタリンの形を維持する、すなわち、形がおかしくなったら元に戻すはたらきをすると考えられている。

ということは第二章第四節ででてきた「分子シャペロン」じゃないか、と気づかれた方も多いだろう。

そう。αクリスタリンは、たんぱく質のフォールディングを正常にする分子シャペロンとしてのはたらきがあるのだ。αクリスタリンのこの大切な機能が失われると、βクリスタリンやγクリスタリンの形を維持することができなくなり、水晶体の透明度が失われ、白内障を発症してしまうのである。

じつは、水晶体のクリスタリンは、私たちの体で最も寿命が長いたんぱく質で、発生時に水晶体が形成されるとき作られたクリスタリンが、一生にわたって使われると考えられている。つまり、他のたんぱく質のようには作りかえられないのだ。加齢に伴って白内障の発症率が上がるのは、そういう理由からであろう。

分子シャペロンであることからもおおよその推測がつくわけだが、このαクリスタリンの祖先は、眼の機能とは何の関係もない「熱ショックたんぱく質」だったと考えられている。水晶体の透明度を維持し、眼をきちんとはたらかせるために、熱ショックたんぱく質の一つを水晶体の形成のために「転用」した結果、αクリスタリンが生まれたのである。

Q：食べ物以外で、私たちの身の回りにあるたんぱく質は？

A：代表的なものが、「絹」のたんぱく質だろう。

絹とはつまり、桑を常食とするカイコ（カイコガという蛾の幼虫）が繰り出す糸から作られる衣服の材料だ。もともとカイコはその糸を使って繭を作り、その中で大きくなって蛾になる。

絹糸の主成分は、「フィブロイン」と呼ばれる繊維状のたんぱく質である。

私たちはじつに、たんぱく質を身にまとって生活し（絹をいつも着ている人はそう多くはないだろうが）、たんぱく質を商品として、東西貿易の発展を経験してきたのだ。

絹は、カイコの体内に存在する「絹糸腺」の細胞で合成され、分泌される。

合成されたフィブロインは、ゴルジ装置を経て、フィブロインがいっぱいにつまった「フィブロイン小球」として細胞外へと分泌され、絹糸腺の内部に貯蔵されるが、このときはまだ、絹糸のような繊維状ではなく、液状のドロドロ状態となっている。

これが、絹糸腺から外へ出て、カイコの体から出されるときには、繊維状の繭糸となって出てくるのだ。

繭糸は、二本のフィブロイン繊維（それぞれのフィブロイン繊維は、フィブロインたんぱく質の無数の束）と、その表面を別のたんぱく質「セリシン」によって覆われた形をしている。

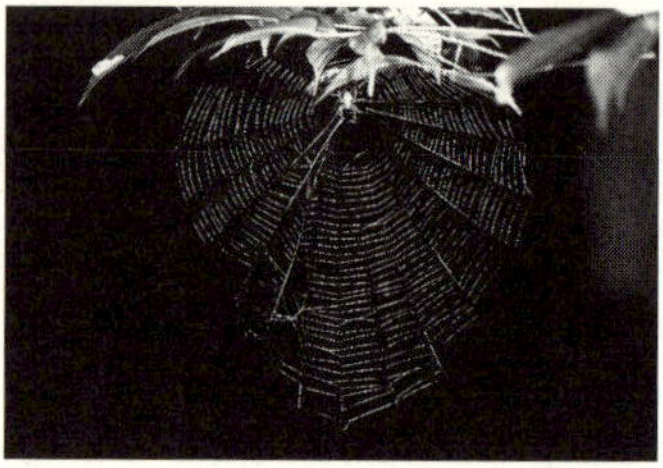

図82　クモの巣はフィブロインたんぱく質を主成分とする（写真提供：山野井貴浩氏）

カイコのフィブロインのアミノ酸組成もまた特殊で、アラニン、グリシン、チロシン、セリンの四種類のアミノ酸だけで、全体の九割を超える。とりわけアラニン（A）とグリシン（G）の量がぬきん出ているため、カイコのフィブロインのアミノ酸配列の主要な部分は、じつにAGAGAGAGAG……となる。

グリシンの側鎖は「－H」、アラニンの側鎖は「$-CH_3$」であるから、フィブロインは、側鎖が小さいアミノ酸が一列に並んでいる構造を呈しているといえる。

このようなたんぱく質では、側鎖同士の相互作用による分子の折れ曲がりや歪みが少なく、それぞれのたんぱく質の並び方もきっちりと揃うことが多いために、縦方向の力に対して強い抵抗力を持つことができると考えられている。まさに、糸としての用途にぴったりだ。

虫の出す糸といえば、クモの糸を思い出す方もいると思うが、じつはこれも同じ「フィブロイン」を主成分としている（図82）。ただし、種によって、フィブロインのアミノ酸組成は少しずつ異なる。

カイコのフィブロインと同様、糸になる前、すなわちクモのお腹の中の「絹糸腺」にある時分には、フィブロインは液状である。この液状フィブロインが、クモの体外へ「糸いぼ」から引き出されるとき、「引っ張り応力」と呼ばれる力（外部から引っ張られることに対して内部に生じる、引っ張りに対して抵抗するかのような力）がはたらくことで、繊維状の、非常に安定な状態に変化するらしい。

具体的にいうと、引っ張り応力によって、たんぱく質内で水素結合により形成されていたα－ヘリックス（第一章第三節参照）が壊れ、たんぱく質分子間で水素結合を形成してβ－シート（第一章第三節参照）が作られることで、縦方向の力に強い繊維状フィブロインとなる。このあたりの詳細を知りたい方は、大崎茂芳著『クモの糸のミステリー』（中公新書）などの成書をご参照いただきたい。

クモのフィブロインも、カイコのそれと同様、グリシン、アラニンのアミノ酸組成が高く、ジョロウグモやズグロオニグモでは、この二者だけで過半数を超えるという。

お釈迦様のように、クモの糸一本で人間を釣りあげることはできそうもないが、それでも十分、クモの糸には引っ張る力に耐えられるだけの力があるようだ。

コラム⑤ あ！ 見たことある！ ～身の回りのものによく似ているたんぱく質～

「注射器」のようなたんぱく質

顕微鏡の下で繰り広げられる『スター・ウォーズ』の世界。まさにそのような比喩がふさわしい、ミクロの宇宙船のような〝生命体〟がいる。バクテリオファージと呼ばれるウイルスの一種である。

「バクテリオファージ」とは、バクテリア、すなわち細菌に感染するウイルスということであり、その語源としては「細菌を喰うもの」という意味がある。

さて、図83に示したのはバクテリオファージの代表格である「T4ファージ」のイラストであるが、ご覧のように、ほんとうに小型宇宙船のような格好をしているのがわかるだろう。こんなのが大腸菌にたくさんとりつき、大腸菌が断末魔の叫び声を上げて死にゆく様を想像すると、なんとなく背中がかゆくなる。

図83に示したファージの外観は、すべてたんぱく質である。頭部も、襟も、尾鞘も、基板も、ピンも、そしてザトウムシの肢のようにも見える「尾繊維」も、すべてたんぱく質でできている、たんぱく質の宇宙船だ。頭部の中に、ファージの遺伝情報を載せたＤＮＡが格納されてい

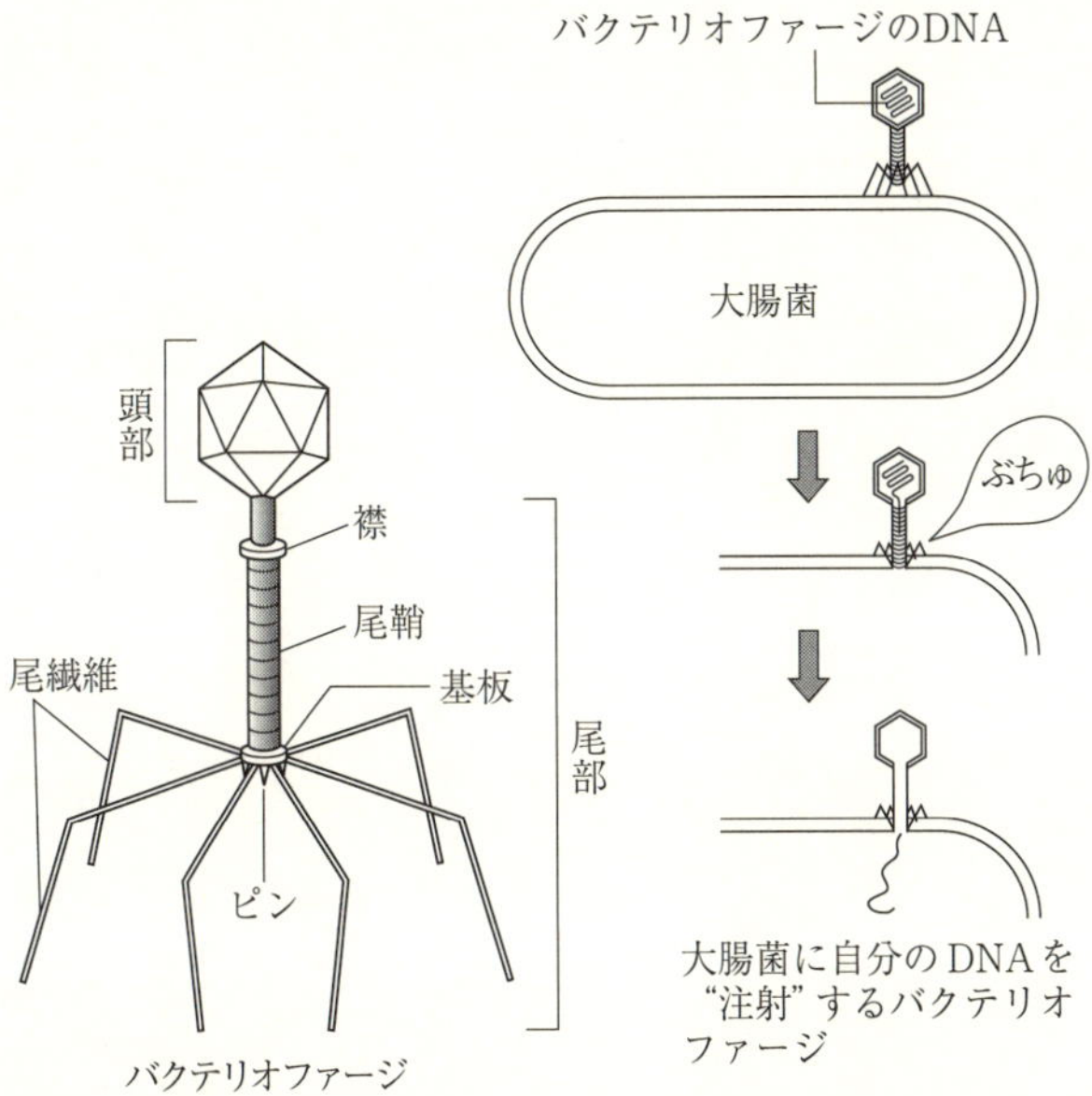
頭部
襟
尾鞘
尾繊維
基板
尾部
ピン
バクテリオファージ
バクテリオファージのDNA
大腸菌
ぶちゅ
大腸菌に自分のDNAを
“注射”するバクテリオ
ファージ

図83　「注射器」たんぱく質

る。

さて、ファージが大腸菌に感染するにはまず、その表面に取りつく（吸着する）必要がある。

ファージはまず、あの気色の悪い〝肢〟、すなわち尾繊維を使って、大腸菌表面に結合する。すると、腰をかがめるようにして〝肢〟を曲げ、基板の下のピンを大腸菌表面にぐさりと留める。

すると、尾部には「リゾチーム」という酵素が入っており、これが細菌の細胞壁を溶かす。そうしておいて尾鞘を縮め、その中に入っているチューブ状の「殻」を細胞壁にぐさりと差し込む。そして頭部にあった

ＤＮＡを、細菌の細胞内へと注入する、というわけである（図83）。
どこから見ても〝注射器的〟である。必ずしもそのしくみは、同じではないが。
まさに「注射器」の名にふさわしいたんぱく質（の集まり）であるといえるだろう。

おわりに

まるで駆け足のように、たんぱく質について書いてきた。

たんぱく質に関する一般向けの本は山ほどある。その山の一角に、本書がひっそりと、新緑のまぶしい山々の稜線に立つあまたの木々の中から、ひときわ目立つ、孤高の一本の樹木のように立っている……というのが筆者としては理想なのだが、その評価は読者のみなさんにお任せしたい。

あえてこの一本の樹木が、他のそれと違う点があるとすれば、高校生諸君が学校で学習するたんぱく質の基礎知識に立脚し、その発展的内容の、さらに発展的な内容を含んでいる点、とでもいえるであろう。加えて栄養素としてのたんぱく質という、より身近な視点からたんぱく質を見ることができれば、読者のみなさんにもある程度満足していただけるだろうと思いながら、執筆してきた。

思えば、筆者がはじめてたんぱく質の研究に手を染めたのは、大学の卒業研究のとき。栄養化学を学んでいた筆者が卒業研究に選んだのは、第五章でもご紹介した「抗栄養因子」に関する研究だった。

動物は、でんぷんを分解する「α－アミラーゼ」という酵素をその唾液の中にたくさん含む。そのα－アミラーゼを阻害する抗栄養因子「α－アミラーゼインヒビター」を、インゲンマメの一種から取り出し、それを実験動物のマウスに免疫して「抗体」を作るというのが筆者のテーマだった。α－アミラーゼインヒビターも、抗体も、どちらもたんぱく質である。

そして、大学院に入って研究をはじめたDNA複製酵素の一つ「DNAポリメラーゼα」。これもたんぱく質である。DNAポリメラーゼαの研究は今でも続けているが、結局のところ、筆者のこの二〇年はまさにたんぱく質とともにあったといっても過言ではない。いや、筆者だけでなく、生命科学を研究する研究者の多くは、DNAやRNAを扱ってはいても、やはりたんぱく質とともにあるといっていいだろう。

たんぱく質は、化学物質である。つまり「化学」の対象だ。

でもたんぱく質は、生体物質、すなわち「生物学」の対象でもあるのだ。

高校の教科書を紐解いてみると、面白いことに、たんぱく質は「化学」の教科書にも、「生物」の教科書にも載っている。

すなわち、たんぱく質という物質は、「化学」と「生物」を結びつける、極めて大切な物質なのである。たんぱく質のことを知ると、私たち生物の成り立ちが、いかに化学的であるのかもわかる。ものを食べることの大切さも理解できるようになる。植物と動物の関係も理解できるようになる。

生命現象を、単なる化学に還元してもらいたくないと考える方々も多いだろうが、遠い昔にばらばらの化学物質の集まりにすぎなかった〝祖先〟から、やがて細胞が生まれ、四〇億年にもわたって進化し続けた先に、今私たちがいるとするならば、たんぱく質を知るということは、私たち自身を知ることにも直結する、極めて重要な知的活動なのである。

たんぱく質とともに歩んできた筆者が、結局のところ声を大にして言いたかったのは、まさにそのことだったのではなかろうかと、脱稿した今となって改めて思うのである。


本書の草稿は、筆者の尊敬する三人の恩師と先学にお目通しいただいた。恩師のお一人は、筆者の大学時代の恩師で、栄養学がご専門の名古屋女子大学・古市幸生教授（三重大学名誉教授）であり、またもうお一人は、筆者の大学院時代の恩師で、生化学がご専門の名古屋大学・吉田松年名誉教授である。そして、先学と申し上げるのは誠におこがましいが、今お一人は、プロテオミクス研究の第一人者でいらっしゃる山口大学・中村和行教授である。こういう本を書いていると、筆者はときどきポカをやり、そのままでは重大なミスを抱えたまま刊行ということになりかねないわけで、三人の先生方のレビューがあってはじめて、本書をこうして世に出すことができた次第である。

またその逆に、私よりも若い目で、また高校生とじかに、たんぱく質を含めた生物全般について対話する機会が多い、白鷗大学足利高等学校・山野井貴浩教諭（東京理科大学客員研究員）にも原稿をお読みいただき、コメントを頂戴することができた。

また、原稿の細かい文章などを友人諸氏に校正していただいたこともあわせてご報告し、この場を借りて、レビューをお引き受けいただいた右記四名の皆様ならびに友人諸氏に、厚く御礼申し上げたい。

なお、こうしたご協力の後に訂正した部分も少なからず存在するため、本文中もしくは図版中に重大な誤りがあった場合、それはすべて武村本人の責任であるということも、あわせて申し上げておきたい。

最後に、休日を中心とならざるを得なかった執筆時間を、家族で過ごすべき時間から割いて与えてくれた妻と三人の子どもたち、本書執筆の機会を与えていただき、原稿を精査いただいた講談社ブルーバックス出版部の中谷淳史氏、そして何より、本書を手にとり、ここまでお読みくださった読者諸賢に対し、この場を借りて深く感謝する次第である。

二〇一一年　春　　　　神楽坂にて　　武村　政春

参考図書

以下にご紹介する図書は、筆者が本書を執筆する上で参考にし、また引用に供したものの一部であるが、これらは読者諸賢がもっと理解を深めたいとお考えになったときにお読みになっても最適な図書である。一般向けの図書として、筆者の著書も念のため、挙げておいたので、何かの機会にご笑覧いただければ幸いである。

（一）一般向けの図書（科学読み物、新書など）

池内俊彦著『タンパク質の生命科学』中公新書、二〇〇一
石浦章一著『「頭のよさ」は遺伝子で決まる⁉』ＰＨＰ新書、二〇〇七
石川辰夫著『分子遺伝学入門』岩波新書、一九八二
大﨑茂芳著『クモの糸のミステリー』中公新書、二〇〇〇
武村政春著『生命のセントラルドグマ』講談社ブルーバックス、二〇〇七
永田和宏著『タンパク質の一生』岩波新書、二〇〇八

山元大輔著『心と遺伝子』中公新書ラクレ、二〇〇六

（二）学術図書（参考書・専門書）

飯塚美和子ほか編『基礎栄養学・改訂8版』南山堂、二〇一〇
猪飼篤著『基礎分子生物学1・巨大分子』朝倉書店、二〇〇八
猪飼篤ほか編『タンパク質の事典』朝倉書店、二〇〇八
川岸舜朗ほか編『新しい食品化学』三共出版、二〇〇〇
佐藤隆一郎ほか著『生活習慣病の分子生物学』三共出版、二〇〇七
島本和明編『メタボリックシンドロームと生活習慣病』診断と治療社、二〇〇七
シルクサイエンス研究会編『シルクの科学』朝倉書店、一九九四
武村政春ほか著『これだけはおさえたい生命科学』実教出版、二〇一〇
並木満夫ほか編『現代の食品化学』三共出版、一九八五
本郷利憲ほか監修『標準生理学・第6版』医学書院、二〇〇五
宮下直編『クモの生物学』東京大学出版会、二〇〇〇
柳田晃良ほか編『現代の栄養化学』三共出版、二〇〇六

Berg JMほか著『ストライヤー生化学・第6版』入村達郎ほか監訳、東京化学同人、二〇〇八
Black JG著『ブラック微生物学・第2版』林英生ほか監訳、丸善、二〇〇七
Epstein RJ著『ヒトの分子生物学』村松正實監訳、丸善、二〇〇六
Futuyma DJ著『evolution・second edition』Sinauer Associates Inc.、二〇〇九
Garrow JSほか編『ヒューマン・ニュートリション 基礎・食事・臨床 第一〇版』細谷憲政監訳、医歯薬出版、二〇〇四
Sharon Nほか著『レクチン』大沢利昭ほか訳、学会出版センター、一九九〇
Tortora GJ著『トートラ解剖学』小澤一史ほか監訳、丸善、二〇〇六
Voet Dほか著『ヴォート生化学・第3版』田宮信雄ほか訳、東京化学同人、二〇〇五
Weinberg RA著『がんの生物学』武藤誠ほか訳、南江堂、二〇〇八

（ま・や・ら・わ行）

（さ行）

さくいん

N.D.C.464.2　244p　18cm

ブルーバックス　B-1730

たんぱく質入門
どう作られ、どうはたらくのか

2011年6月20日　第1刷発行
2021年12月7日　第7刷発行

著者　武村政春

発行者　鈴木章一
発行所　株式会社講談社
〒112-8001 東京都文京区音羽2-12-21
電話　出版　03-5395-3524
　　　販売　03-5395-4415
　　　業務　03-5395-3615
印刷所　（本文印刷）豊国印刷株式会社
　　　　（カバー表紙印刷）信毎書籍印刷株式会社
本文データ制作　講談社デジタル製作
製本所　株式会社国宝社

ISBN978-4-06-257730-4

発刊のことば

科学をあなたのポケットに

二十世紀最大の特色は、それが科学時代であるということです。科学は日に日に進歩を続け、止まるところを知りません。ひと昔前の夢物語もどんどん現実化しており、今やわれわれの生活のすべてが、科学によってゆり動かされているといっても過言ではないでしょう。

そのような背景を考えれば、学者や学生はもちろん、産業人も、セールスマンも、ジャーナリストも、家庭の主婦も、みんなが科学を知らなければ、時代の流れに逆らうことになるでしょう。

ブルーバックス発刊の意義と必然性はそこにあります。このシリーズは、読む人に科学的に物を考える習慣と、科学的に物を見る目を養っていただくことを最大の目標にしています。そのためには、単に原理や法則の解説に終始するのではなくて、政治や経済など、社会科学や人文科学にも関連させて、広い視野から問題を追究していきます。科学はむずかしいという先入観を改める表現と構成、それも類書にないブルーバックスの特色であると信じます。

一九六三年九月

野間省一

ブルーバックス　生物学関係書（I）

1073	へんな虫はすごい虫	安富和男
1176	考える血管	児玉龍彦／浜窪隆雄
1341	食べ物としての動物たち	伊藤　宏
1391	ミトコンドリア・ミステリー	林　純一
1410	新しい発生生物学	木下　圭／浅島　誠
1427	筋肉はふしぎ	杉　晴夫
1439	味のなんでも小事典	日本味と匂学会＝編
1472	DNA（上）ジェームス・D・ワトソン／アンドリュー・ベリー	青木　薫＝訳
1473	DNA（下）ジェームス・D・ワトソン／アンドリュー・ベリー	青木　薫＝訳
1507	新しい高校生物の教科書	栃内　新／左巻健男＝編著
1528	新・細胞を読む	山科正平
1537	「退化」の進化学	犬塚則久
1538	進化しすぎた脳	池谷裕二
1565	これでナットク！　植物の謎	日本植物生理学会＝編
1612	光合成とはなにか	園池公毅
1626	進化から見た病気	栃内　新
1637	分子進化のほぼ中立説	太田朋子
1662	老化はなぜ進むのか	近藤祥司
1670	森が消えれば海も死ぬ　第2版	松永勝彦
1672	カラー図解　アメリカ版　大学生物学の教科書　第1巻　細胞生物学	D・サダヴァ他／石崎泰樹／丸山　敬＝監訳・翻訳
1673	カラー図解　アメリカ版　大学生物学の教科書　第2巻　分子遺伝学	D・サダヴァ他／石崎泰樹／丸山　敬＝監訳・翻訳
1674	カラー図解　アメリカ版　大学生物学の教科書　第3巻　分子生物学	D・サダヴァ他／石崎泰樹／丸山　敬＝監訳・翻訳
1712	図解　感覚器の進化	岩堀修明
1725	魚の行動習性を利用する釣り入門	川村軍蔵
1727	iPS細胞とはなにか	朝日新聞大阪本社科学医療グループ
1730	たんぱく質入門	武村政春
1792	二重らせん	ジェームス・D・ワトソン／江上不二夫／中村桂子＝訳
1800	ゲノムが語る生命像	本庶　佑
1801	新しいウイルス入門	武村政春
1821	これでナットク！　植物の謎Part2	日本植物生理学会＝編
1829	エピゲノムと生命	太田邦史
1842	記憶のしくみ（上）	ラリー・R・スクワイア／エリック・R・カンデル／小西史朗／桐野　豊＝監修
1843	記憶のしくみ（下）	ラリー・R・スクワイア／エリック・R・カンデル／小西史朗／桐野　豊＝監修
1844	死なないやつら	長沼　毅
1848	今さら聞けない科学の常識3　聞くなら今でしょ！	朝日新聞科学医療部＝編
1849	分子からみた生物進化	宮田　隆

ブルーバックス　生物学関係書（II）

- 1853 図解　内臓の進化　岩堀修明
- 1854 カラー図解　EURO版　バイオテクノロジーの教科書（上）　ラインハート・レンネバーグ　小林達彦＝監修　田中暉夫／奥原正國＝訳
- 1855 カラー図解　EURO版　バイオテクノロジーの教科書（下）　ラインハート・レンネバーグ　小林達彦＝監修　田中暉夫／奥原正國＝訳
- 1861 発展コラム式　中学理科の教科書　改訂版　生物・地球・宇宙編　石渡正志　滝川洋二＝編
- 1872 マンガ　生物学に強くなる　堂嶋大輔＝作　渡邊雄一郎＝監修
- 1874 もの忘れの脳科学　苧阪満里子
- 1875 カラー図解　アメリカ版　大学生物学の教科書　第4巻　進化生物学　D・サダヴァ他　石崎泰樹／斎藤成也＝監訳
- 1876 カラー図解　アメリカ版　大学生物学の教科書　第5巻　生態学　D・サダヴァ他　石崎泰樹／斎藤成也＝監訳
- 1884 驚異の小器官　耳の科学　杉浦彩子
- 1889 社会脳からみた認知症　伊古田俊夫
- 1892 「進撃の巨人」と解剖学　布施英利
- 1898 哺乳類誕生　乳の獲得と進化の謎　酒井仙吉
- 1902 巨大ウイルスと第4のドメイン　武村政春
- 1923 コミュ障　動物性を失った人類　正高信男
- 1929 心臓の力　柿沼由彦
- 1943 神経とシナプスの科学　杉　晴夫
- 1944 細胞の中の分子生物学　森　和俊
- 1945 芸術脳の科学　塚田　稔
- 1964 脳からみた自閉症　大隅典子
- 1990 カラー図解　進化の教科書　第1巻　進化の歴史　カール・ジンマー／ダグラス・J・エムレン　更科　功／石川牧子／国友良樹＝訳
- 1991 カラー図解　進化の教科書　第2巻　進化の理論　カール・ジンマー／ダグラス・J・エムレン　更科　功／石川牧子／国友良樹＝訳
- 1992 カラー図解　進化の教科書　第3巻　系統樹や生態から見た進化　カール・ジンマー／ダグラス・J・エムレン　更科　功／石川牧子／国友良樹＝訳
- 2010 生物はウイルスが進化させた　武村政春
- 2018 カラー図解　古生物たちのふしぎな世界　土屋　健／田中源吾＝協力
- 2037 我々はなぜ我々だけなのか　川端裕人／海部陽介＝監修
- 2053 鳥！　驚異の知能　ジェニファー・アッカーマン　鍛原多惠子＝訳
- 2070 筋肉は本当にすごい　杉　晴夫
- 2077 海と陸をつなぐ進化論　須藤　斎
- 2088 植物たちの戦争　日本植物病理学会＝編著
- 2095 深海——極限の世界　藤倉克則・木村純一＝編著　海洋研究開発機構＝協力
- 2099 王家の遺伝子　石浦章一

ブルーバックス　医学・薬学・心理学関係書（II）

- 1807 ジムに通う人の栄養学　岡村浩嗣
- 1811 栄養学を拓いた巨人たち　杉 晴夫
- 1812 からだの中の外界　腸のふしぎ　上野川修一
- 1814 牛乳とタマゴの科学　酒井仙吉
- 1820 リンパの科学　加藤征治
- 1830 単純な脳、複雑な「私」　池谷裕二
- 1831 新薬に挑んだ日本人科学者たち　塚﨑朝子
- 1842 記憶のしくみ（上）　ラリー・R・スクワイア／エリック・R・カンデル　小西史朗／桐野 豊＝監修
- 1843 記憶のしくみ（下）　ラリー・R・スクワイア／エリック・R・カンデル　小西史朗／桐野 豊＝監修
- 1853 図解　内臓の進化　岩堀修明
- 1854 カラー図解　EURO版　バイオテクノロジーの教科書（上）　ラインハート・レンネバーグ　小林達彦＝監修　田中暉夫／奥原正國＝訳
- 1855 カラー図解　EURO版　バイオテクノロジーの教科書（下）　ラインハート・レンネバーグ　小林達彦＝監修　田中暉夫／奥原正國＝訳
- 1859 放射能と人体　落合栄一郎
- 1874 もの忘れの脳科学　苧阪満里子
- 1884 驚異の小器官　耳の科学　杉浦彩子
- 1889 社会脳からみた認知症　伊古田俊夫
- 1892 「進撃の巨人」と解剖学　布施英利

- 1896 新しい免疫入門　審良静男／黒崎知博
- 1901 99・996%はスルー　竹内 薫／丸山篤史
- 1903 創薬が危ない　水島 徹
- 1923 コミュ障　動物性を失った人類　正高信男
- 1929 心臓の力　柿沼由彦
- 1931 薬学教室へようこそ　二井將光＝編著
- 1943 神経とシナプスの科学　杉 晴夫
- 1945 芸術脳の科学　塚田 稔
- 1952 意識と無意識のあいだ　マイケル・コーバリス　鍛原多惠子＝訳
- 1953 自分では気づかない、ココロの盲点　完全版　池谷裕二
- 1954 発達障害の素顔　山口真美
- 1955 現代免疫物語beyond　岸本忠三／中嶋 彰
- 1956 コーヒーの科学　旦部幸博
- 1964 脳からみた自閉症　大隅典子
- 1968 脳・心・人工知能　甘利俊一
- 1976 不妊治療を考えたら読む本　浅田義正　河合 蘭
- 1978 カラー図解　はじめての生理学　上　動物機能編　田中（貴邑）冨久子
- 1979 カラー図解　はじめての生理学　下　植物機能編　田中（貴邑）冨久子
- 1988 40歳からの「認知症予防」入門　伊古田俊夫

ブルーバックス　化学関係書

969 化学反応はなぜおこるか　上野景平
1152 酵素反応のしくみ　藤本大三郎
1188 金属なんでも小事典　増本　健=監修　ウォーク=編著
1240 ワインの科学　清水健一
1296 暗記しないで化学入門　平山令明
1334 マンガ　化学式に強くなる　高松正勝=原作　鈴木みそ=漫画
1375 実践　量子化学入門　CD-ROM付　平山令明
1508 新しい高校化学の教科書　左巻健男=編著
1534 化学ぎらいをなくす本（新装版）　米山正信
1583 熱力学で理解する化学反応のしくみ　平山令明
1646 水とはなにか（新装版）　上平　恒
1710 マンガ　おはなし化学史　松本　泉=原作　佐々木ケン=漫画
1729 有機化学が好きになる（新装版）　米山正信／安藤　宏
1816 大人のための高校化学復習帳　竹田淳一郎
1848 今さら聞けない科学の常識3　聞くなら今でしょ！　朝日新聞科学医療部=編
1849 分子からみた生物進化　宮田　隆
1860 発展コラム式　中学理科の教科書　改訂版　物理・化学編　滝川洋二=編
1905 あっと驚く科学の数字　数から科学を読む研究会
1922 分子レベルで見た触媒の働き　松本吉泰
1940 すごいぞ！　身のまわりの表面科学　日本表面科学会
1956 コーヒーの科学　旦部幸博
1957 日本海　その深層で起こっていること　蒲生俊敬
1980 夢の新エネルギー「人工光合成」とは何か　光化学協会=編　井上晴夫=監修
2020 「香り」の科学　平山令明
2028 元素118の新知識　桜井　弘=編
2080 すごい分子　佐藤健太郎
2090 はじめての量子化学　平山令明

ブルーバックス12cmCD-ROM付

BC07 ChemSketchで書く簡単化学レポート　平山令明

ブルーバックス　事典・辞典・図鑑関係書

569 毒物雑学事典　大木幸介
1084 図解　わかる電子回路　加藤　肇／見城尚志／高橋　久
1150 音のなんでも小事典　日本音響学会＝編
1188 金属なんでも小事典　増本　健＝監修　ウォーク＝編著
1484 単位171の新知識　星田直彦
1614 料理のなんでも小事典　日本調理科学会＝編
1624 コンクリートなんでも小事典　土木学会関西支部＝編　井上　晋　他
1642 新・物理学事典　大槻義彦／大場一郎＝編
1653 理系のための英語「キー構文」46　原田豊太郎
1660 図解　電車のメカニズム　宮本昌幸＝編著
1676 図解　橋の科学　土木学会関西支部＝編　田中輝彦／渡邊英一　他
1761 声のなんでも小事典　和田美代子　米山文明＝監修
1762 完全図解　宇宙手帳　渡辺勝巳／JAXA（宇宙航空研究開発機構）＝協力
2028 元素118の新知識　桜井　弘＝編

ブルーバックス　パズル・クイズ関係書

921　自分がわかる心理テスト　芦原　睦／桂　戴作＝監修
988　論理パズル101　デル・マガジンズ社＝編／小野田博一＝編訳
1353　算数パズル「出しっこ問題」傑作選　仲田紀夫
1366　数学版　これを英語で言えますか？　エドワード・ネルソン＝監修／保江邦夫
1368　論理パズル「出しっこ問題」傑作選　小野田博一
1423　史上最強の論理パズル　小野田博一
1453　大人のための算数練習帳　図形問題編　佐藤恒雄
1474　クイズ　植物入門　田中　修
1720　傑作！　物理パズル50　ポール・G・ヒューイット＝作／松森靖夫＝編訳
1833　超絶難問論理パズル　小野田博一
1928　直感を裏切るデザイン・パズル　馬場雄二
2039　世界の名作　数理パズル100　中村義作